基于意象图式编码的
手势交互设计理论与方法

肖亦奇 ———— 著

河海大学出版社
HOHAI UNIVERSITY PRESS
·南京·

图书在版编目(CIP)数据

基于意象图式编码的手势交互设计理论与方法 / 肖
亦奇著. -- 南京：河海大学出版社，2022.10(2023.9 重印)
ISBN 978-7-5630-7721-2

Ⅰ. ①基… Ⅱ. ①肖… Ⅲ. ①人-机系统－系统设计
Ⅳ. ①TP11

中国版本图书馆 CIP 数据核字(2022)第 177504 号

书　　名	基于意象图式编码的手势交互设计理论与方法	
书　　号	ISBN 978-7-5630-7721-2	
责任编辑	周　贤	
责任校对	金　怡	
封面设计	张育智　周彦余	
出版发行	河海大学出版社	
地　　址	南京市西康路 1 号(邮编:210098)	
电　　话	(025)83737852(总编室)	
	(025)83722833(营销部)	
经　　销	江苏省新华发行集团有限公司	
排　　版	南京布克文化发展有限公司	
印　　刷	广东虎彩云印刷有限公司	
开　　本	718 毫米×1000 毫米　1/16	
印　　张	14.5	
字　　数	243 千字	
版　　次	2022 年 10 月第 1 版	
印　　次	2023 年 9 月第 2 次印刷	
定　　价	69.00 元	

目录
Contents

第1章
绪论

1.1 研究背景

人和以计算机为代表的人造物(artifacts)之间信息传递的效率一直是人机交互领域研究的核心。为了能概括地描述高效率的信息产出和交换为使用者带来的主观体验,研究者提出了自然交互(natural interaction)[1]的概念,认为无约束地、自如地完成目的性的交互行动的体验更为可取,是使用体验的理想状态。因此,自然交互是一个关于体验评价的相对概念,是一种交互品质。

交互的自然程度取决于系统的工作条件、情境与使用者达成预期的效率。首先,工作条件指的是交互所依据的系统或工具本身的技术所限定的行为、事件的可能性。随着数据传输带宽的扩展和设备计算能力的增强,交互的输入/输出通道和界面形式已经比个人计算机发展的早期丰富了很多。但是,交互模态的多样化、信息交流的拟人化和界面的非物质化只是自然交互的充分条件而非必要条件。设计应该发挥不同交互模态的优越性,保证在相应技术条件下交互的自然。

情境指的是交互活动的某种主、客观需要和现实意义。自然用户界面(natural user interface)不是定义严格和一成不变的,而是视情境的需要而存在的。一些自然的交互形式或案例在它最应发挥作用的情境之外的体验效果反而会不及传统界面,造成使用者的挫折感(user frustration)。例如,语音的私密性和对话成本问题、手势的易疲劳和低精确性问题、对话式界面的弱操控性等,都是影响自然使用的负面因素。由于不同的交互模式有各自的典型应用场景,适合在特定环境下延展人类获取和发布信息的能力,研究者无法为自然交互划定标准或阈值,它只能是情境依赖(scenario-dependent)的。

从用户体验的角度上看,自然交互应该要在促进无障碍操作的基础上,满足使用者的心理预期。这一过程中,交互活动最好是能贴近使用者的本能反应,达到一种自然而然的效果。事实上,工业设计领域一直在强调产品的无意识的使用,它有助于使用者产生良好的在场或事后体验,这与交互设计所追求地让界面"透明"和"消失"的愿景不谋而合。正如 Redström 所提出的,与其定义设计对象的体验,使其成为一类附加值,不如令它为多数人提供体验上的可及性[2]。从这一层面上说,自然交互应能适用于不同人群,而要达到此目的,最有效的方式就是让输入的行动成本和输出的接受成本降到最低,同时令二者的关系与一般使用者已有的经验/先验知识(prior knowledge)和思维模型(mental model)相符[3]。交互越是和大多数人的已有经验、思维模型相一致,自然的程度就越高,这也是自然交互设计最根本的出发点。

1.1.1　研究对象与问题

通过梳理历史的脉络,可以发现,技术更新不断地推动着交互环境的发展,也使人机交互的"自然"程度持续提升。其中,图形用户界面(GUI)的诞生是一次革命性的飞跃,它标志着人们可以跨越专业知识的门槛,开始用自己熟悉的知识解决信息的搜索、管理问题,对计算机发出指令,而这些问题的实质都是对控制-反馈系统的支配[4]。可以说,GUI 吹响了未来人机共生时代来临的前奏。在 GUI 的设计规范逐步建立的时代,计算机扮演的主要还是信息传播渠道的角色。设计者为了建立起有效的沟通机制,采取了一系列将物理世界的要素映射到数字世界的设计策略,包括拟物化、扁平化、菜单栏、卡片式、瀑布流等,来使界面的呈现和意义的表达更加自然。在输入方面,以键盘为代表的结构化输入、点击按钮、触控手势构成了我们最常见的几种方式。经过长期使用和反复的日常演练,这些输入方式和它们所基于的认知模式对使用者而言已成为根深蒂固的习惯和直觉反射。

图形界面跨文化、跨人群的广泛流行和对不同应用场景适应性的根本原因之一,在于它是人类纸质阅读习惯的数字化和把信息进行二维抽象能力的继承。但是,人们在输入端的行为不能单纯是选择式(图标、菜单、按键)的,也包含笔式[5]、操纵式(手部、身体运动)、提示式(眼动、表情识别、肌电反应、脑电、体温)和对话式(语音、自然语言)。这当中,以手势交互为代表的输入模式就具备几种独特的优势。其一,作为一种身体语言,手势输入将人与生俱来的操作物体和用姿态表达特定意义的能力转化为计算机可理解的信号,具有自然、快捷的特征。其二,手势一定程度上解放了视觉通道,使其免于对输入/输出信息的同时处理,因此它可以配合其他的交互模态与活动同时进行。手势指令虽然不能长时间地连续使用,也难以把不同性质的词汇、句法结构和参数描述清楚,从而实现精准交互,但它的价值对多通道交互体验的完善是一个重要的补充。

然而值得注意的是,手势交互的技术瓶颈和它固有的内在复杂性使得在触控之外的很多情况下,手势控制并非一定是相对自然的选择。根据前文提到的自然交互的决定因素,可以从三个方面来剖析影响手势交互自然感的因子。

第一,手势的工作条件日趋多样化,其应用环境包括 Surface Computing、Tabletop、后仰式交互设备(lean-back interaction)[6]、可穿戴设备、实体界面、全息影像互动、增强现实、虚拟现实等。由于感应设备在物理属性和传感器嵌入设计,甚至识别算法上的差异,不同设备所支持的手势信号有可能在表意上与用户熟悉的形式差别过大,而且手势执行的物理空间也会彼此有别。这样一来,用户的学习成本大大地增加,成为制约人们对手势输入的接受度和日常使用频率的直接原因。对研究者和设计者而言,为主要的几类工作条件提出标准的手势语法是降低学习者负担、提高回想率(recall rate)[6]的重要途径。

第二,手势作为人类间的交际工具,其与意义间的关系以及人们为手势赋予含义的形式受到了民俗、流行文化、代际、职业等多重社会因素的影响。鉴于人们在手势上已有经验的差异远大于对二维图示理解的差异,要想使手势交互的体验尽可能自然,设计者需要发掘、遴选、评价由用户最普遍的思维共性所衍生出的手势指令。出于这一目的,研究者试图从隐喻、原型[7]、可供性[8]等理论基础出发,以专家的视角和方法探讨自然交互手势的可行性。可是,由专业设计人员去寻找和定义手势动作的概念隐喻的设计途径没有强调用户自身的手势偏好问题。如何探知用户自然地采取手势表达时的思维共性,从中发现他们最为熟悉的某种先在知识特征,继而在系统设计阶段定义自然的交互手势、构建相应的软件平台和测试原型,成为设计者面临的一项值得思考的课题。

第三,在使用情境上,手势输入是完全可以与其他输入活动并行的,况且个人计算设备的微型化和日渐普及势必会增加人们和处于视线或认知外围的设备交互的日常场景。研究认为,应把周边交互(peripheral interaction)的场景纳入对交互手势自然度的评价。周边交互的概念源自 Edge 的研究[9],Bakker 则提出了根据用户施加注意力的程度来划分的交互情境的连续体[10]:相比于周边交互,更需要注意力的是关注交互(focused interaction);在用户主动性、意图性上较之更弱,所需注意力更低的是隐式交互(implicit interaction)。如果手势不能以相对很低的心理资源完成,它的自然程度就受到了注意力变量的限制。所以,设计通用于不同注意力水平的手势指令就显得尤为重要。

为了针对上述问题提出相对合理的解决策略,本书主要围绕基于意象图式解释的自然交互手势设计方法展开讨论和实证研究。意象图式是关于人类概念认知和隐喻思维的内在结构和元语言的假设。研究根据意象图式及相关的意义映射理论,论述了用户参与式的定义自然交互手势的设计方法;在应用层面,结合"湖南大学——科沃斯家用服务机器人设计研究"项目,提出了面向不同感知界面和技术的手势集方案,并通过让手势介入多任务处理测试,从具体指标上评价了手势集的情境适用性,同时也起到促进对设计方法的迭代和分析的作用。

1.1.2　关键术语定义

本节对研究所涉及的关键术语做出定义,初步解析其概念,以确保学术上的严谨。

手势集(gesture set)。手势集是对一套可由图像、压力、肌肉电等数据的采集来识别的人类手部、臂部活动的统称,是手势语的系统指令形式。它源自人们对手的表现力特征的自然运用。手势集一般意义上是一系列独立的单命令(single command)的集合,但有时也用来完成某一任务在时序上的多个步骤。手势集内各成员不一定要按照统一的语法规则来表述意义,而是仅作为功能-行动的配对而存在。

映射(mapping)。在数学上,映射指两个集的元素间相互对应的关系。类似的这种对应关系反映在自然交互手势所基于的语言认知现象中时可以表现为：① 事件内容间的对应，即手势与其效应之间的联系；② 事件构成要素间的对应，即构成手势和效应两项事件的语构之间的联系。本研究采用意象图式假说来阐释这种事件构成要素间的一致性，并提出用意象图式为手势编码的设计方法。

意象图式(image schema)。意象图式是由具身认知观推导出来的对概念隐喻的源域和目标域间映射结构的一种解释。迄今为止，对它的定义有如下几种：约翰逊(Johnson)将其概括为"感知互动及运动中不断再现的动态模式，它让我们的经验得以连贯和结构化"[11]。Gibbs 等的表述是"意象图式一般可定义为空间关系和空间运动的动态模拟表征"[12]。Oakley 的定义则是"为了把空间结构映射到概念结构而对感知经验进行的压缩和重绘"[13]。总体来说，学者们倾向于把意象图式看作抽象的表征，它来自人对空间世界活动的感知经验的提炼，被人们用来组织概念[14]，把新的经验和过往的相联系。

多任务处理(multi-tasking)。用户立场上的多任务处理是指其在某一时间段内同时在两个或更多的交互进程上耗费精神资源的现象，是对注意力分配的挑战。这种并行的多任务的情况涉及线程认知(threaded cognition)[15]的问题。从常识上讲，某一知觉通道的精神资源很难同时平均分配给不同线程的行动，例如，人只能在一个既定时间点把视线聚焦在某一个位置，观看不同的对象就必须有先后次序。相比之下，人们更容易去同时完成占据不同知觉通道的活动(如边听歌边开车)。根据多资源理论(multiple resource theory)[16]，某些线程的行动只能占据外围资源(peripheral resources)，这意味着完成它们所需的注意力条件更加苛刻。

1.2　文献综述

1.2.1　手势输入与自然交互手势

手的姿态是人类身体语言中最突出的一种，通常简称为手势，是重要的非语言(non-verbal)交际工具。人的手部关节具有很好的灵活性，有较大的活动幅度和较强的体位变化能力,可以做出种种静态的姿势(hand posture)和运动中的动作,由行为者赋予其一定的含义。在早期生产活动和持续的社会实践中,人们自觉地以手势表情达意,令其承担了许多在语言表达受限的情况下的交流任务。在人机交互领域,随着对沟通对象的似人化和命令式对话的需要,研究者越来越重视手势作为输入信号的积极意义,开始探索手势介入不同的交互界面后带来的改变。人们发现,作为直接面向内容的交互方式,手势的运用可以避免对交互组件和内容的同时关注(如先搜寻和定位图标,再移动光标点击),实现"所做即所得"的效果。

人类的手势不仅有空间中的活动,还有很多是在接触、掌握、操作实物时所做的。这一点很早就被研究者加以利用,去满足不同交互系统的需要。Karam等在2005年进行的研究显示,对手势输入应用领域的研究已经涉及了虚拟场景与角色(avatars)、桌面设备、智能环境(smart environment)、游戏、移动界面(mobile interfaces)、车辆远程通信(telematics)、对话界面(20世纪90年代前)、协同工作、三维显示(three-dimensional displays)[17]等多个主题。在理论方面,Frens将形式与交互、功能整合在一起,率先提出了富交互(rich interaction)[18]的理念。上述三要素的两两互动跳出了屏显反馈的局限,将交互模式的边界向人对物的直接操控和使用上延展。

尽管手势交互的应用空间非常广阔,从手势运动的幅度、肢体与感应界面的空间位置关系和手势的性质三个维度上看(图1-1),交互性的手势可以根据自身特征分为四类,它们是触控手势(multi-touch gestures)、面向实体界面的操作型手势(manipulative gestures)、自由手势(mid-air gestures)、微手势(microgestures)。表1-1列举了对以上四类手势的一般性定义和特征描述。以此分类为框架,对研究文献分析可知,在总计四类手势中,触控手势的方案有比较鲜明的一致性。体现在数据上,就是关于同一功能,不同研究者所定义的手势相同或相近的数量占总数的比例相对最高。对远程控制和交互式大屏幕定义手势的研究也不在少数,不同研究者设计的代表切换、调节、缩放等功能的手势也有趋同的状况。考虑到触控手势已经形成了比较通用的设计指南,培养了固定的用户认知,本研究将焦点放在其余三类手势的设计上。

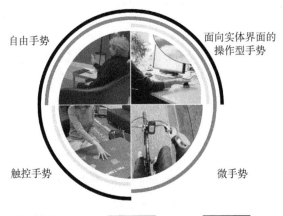

自由手势

面向实体界面的
操作型手势

触控手势

微手势

操作型而非通信
型手势

不一定接触输入
界面的手势

动作幅度明显的手势

图 1-1　交互手势的类型

表 1-1　交互手势类型的定义和特征

触控手势	在电容式触摸屏上以指尖接触和在屏幕上移动为特征的手势。各个手势以不同的手指数量、移动轨迹和压力相区别
自由手势	以手在空间中的运动姿态作为输入指令的手势
面向实体界面的操作型手势	不需借助屏显反馈,直接调节和命令具有产品形态的智能设备的手势。最典型的是运用生活中的自然行为或具有操作含义的行为向设备发出指令
微手势	比惯常的手势操作在幅度上明显更小的手势,往往是手指的细微移动或短促的动作。它在分类上不完全独立于以上三类手势

　　自然交互手势属于自然用户界面在输入端的一种,它要能够让使用者几乎不需要过多地关注和思考就顺利地接受和运用,并随时随地保持操作的无碍甚至高效。因此,在可用性评价方面,自然交互手势需要有足够好的易学性、易记忆性、容错性、交互效率和用户的主观满意度。研究者要在用户从接触到日常使用手势操控的不同阶段开展评价实验。其中,从接触到习得的阶段可被视为测试阶段,越是容易快速和准确无误掌握的手势越自然,越符合人们的思维和行为习惯;初次实地体验的阶段属于后测,它考察手势在实验环境和工作环境下的正确率与耗时;延时后测(delayed post-test)的内容是用户此后在日常生活中的使

用状况，通过检查操作记忆的保留时长和召回程度进一步分析易学性和易记忆性水平。

排除技术上的因素，手势交互的正确率和耗时会受到环境中多种变量的影响。如果操作者无法专注于交互任务，原本自然的体验就可能变得不自然。为此，笔者整理了探讨手势作为次要任务（secondary task）时操作绩效和设计评价的过往研究。以"周边（peripheral）"为关键词，经全网搜索得到一些研究该主题的文献，发现这一主题的研究完全集中于外文文献，而且数量不多，时间段分布于 2008—2017 年。这表示绝大部分的自然交互手势研究预设的使用情境是用户能专注地用手势操控，很少顾及手势交互在分心和下意识反应时的完成度。过往研究中，比较有代表性的有如下几种。Hausen 等人设计了一款名为 Sta-Tube[19]的桌面设备，用来指示即时通信会话人的状态。使用者可按压其顶部以显示会话人离开，旋转不同的环可指示几种用户状态。在后续研究中，他们又比较了用户一边执行一个图形搜索任务，一边用握式（graspable）、触摸和挥手三种手势控制手边的音乐播放器的效果[20]。同样做评价实验的还有 Heijboer 等对选择和设置照明两种手势的研究[21]，结果发现，无论是把日常熟练行为还是更需专注度的活动设定为主任务（primary task），都不妨碍手势交互的过程与体验。在自由手势方面，Hudson 等提出了一种名为 Whack Gesture[22]的手势，依靠快速而随意地拍击设备的表面来处理某些快捷命令，如忽略、拒接、延迟等。这种方式对人们来说近乎行动上的本能，故而有助于把对主任务的干扰降到最低。而 Wolf 等为了进一步减少动作轨迹的距离造成的注意力偏差，定义了一系列可以在手掌握住实物的状态下执行的输入手势[23]。很显然，它们凭借的是手指的运动和组合，故而属于微手势的范畴。像这种不追求精确性和明显的目标性而更强调即时响应的理念，被 Pohl 等人称作随意的交互（casual interaction）[24]。于是，为了降低误操作的风险，Cheng 等和 Olivera 等尝试在日常物品上附载传感装置，只需旋转易拉罐[25]或者给立方体翻面[26]就能实现对室内设备的操控。这样一来，触发交互的临界点就更易于觉察。当然退一步讲，如果连双手也完全参与了主任务的话，人们要想再利用身体语言传递指令，就不得不借助于其他活动力强的部位，如足部，抑或一些外接设备。例如，Probst 提出，可以通过脚尖踢触、脚掌转动滚轴[27]，或者身体倾斜、旋转进而使座椅接收到相应的压力、姿态变化的信号[28]的方式触发某些功能。总体上说,由于数量有限,而且研究对象各不相同,从以上的文献中没有观察到研究者对于一类交互的手势集设计达成了某种共识。

1.2.2　自然交互的设计原则:已有知识与目标知识间的连接

允许用户的先验知识在互动过程中自然和完整地复用[9]是自然交互的本质特征,目标在于弱化传统概念上人机间的基于"事"的交互行为和人的一切传达意义的行为的动机差异。Spool 在论及直觉交互时也指出,用户已有知识(current knowledge)和目标知识(target knowledge)的一致是降低用户接受成本的关键要素,即便不能如此,也要让二者的鸿沟尽可能地缩小[29]。除去因重复实践而导致的对特定知识或技能高度熟练所造成的直觉性以外,已有知识和目标知识的连贯性是实现这两类交互价值/品质的共同前提。所不同的是,自然交互偏重对体验的描绘,而两种知识的衔接能够使学习曲线变得更加平缓,促成了用户的直觉使用。

人对新的、抽象的客体事物、概念的认知始终不能脱离对熟悉的、实在的对应物的认知与主体经验的启发。对这种启发进行解析的相关理论主要有原型、符号和隐喻三种。

Rosch 提出的原型理论是对利用概念相似性进行认知的、追溯的一种解释,它指出范畴中典型的成员是原型,是范畴化的认知参照点[30]。这暗示了范畴成员拥有某种客观存在且主观可识别的共有属性。然而有学者认为,同样作为依据范畴内部成员的相似性构建的联系,家族相似性不完全等同于原型范畴。其中,维系范畴成员间联系的是彼此的交叉相似性,它是网络化而非线性串联的。正如维特根斯坦(Wittgenstein)在谈到数的概念时所说的,它的延伸"好像在纺线时纤维纠缠在一起,线的强度不在于是否有纤维贯穿其全长,而在于它们的相互交织"[31]。相似性是知识派生和推论过程中产生的主观印象,它有两条判断依据[30]。一是事物的属性,它包含的内容过于广泛,因而不同的分解属性的方式会导致相似性的多层次和重叠交叉;二是对事物抽象的完型感知,即格式塔/图式。共有的属性和格式塔为建立原型和个体成员间的关联提供了理据,是原型存在的证明。

在符号学领域，知识间启发和联系的角色由意指（signification）——即产出符号的过程——所扮演[32]。符号是意义唯一的载体，意义的表达也必诉诸符号[33]。无论是发出还是接收，只要意义得到了传输，它就只能依靠符号这一中介物。所以，要接收目标知识所隐含的意义，就必须有相应的表现符号，来充当它和用户已有知识间连接的纽带。这样，意义的传递经历了两次意指的过程，其枢纽则是实物化的符号。符号学本身的外延极广，此处不再赘述。就启发和连接的形式而言，符号和相似性一样，都是可用来跨域联系知识、概念、命题的工具。

隐喻认知观是另一条将已有知识和目标知识相连接的途径，有关它的研究不仅揭示了语言所表达出来的认知迁移的模式，也牵涉了知识的跨域连接机制的问题。隐喻研究从修辞到认知语言学的转向始于雷科夫（Lakoff）和约翰逊（Johnson）的概念隐喻（Conceptual Metaphor Theory，CMT）理论，它界定了隐喻的工作原理，提出了两域间函项映射关系存在的逻辑（结构、方位、本体）和隐喻的体验动因[34]。在《隐喻当代理论》一文中，他们又改良了有关映射机制的论点，认为源自具身体验的意象图式、恒定性原则（invariance principle）和基本隐喻（primary metaphor）是保障映射关系的三大条件[35]。Lakoff 和 Johnson 所提出的恒定性原则要求映射完整地保留目标域的认知拓扑结构。但是，衍生自源域的隐喻蕴涵不一定总是以结构上对应的形式向目标域推理。对此，Grady 认为存在一类基本隐喻，它的目标域往往是从实际体验出发的但又高度抽象的基础概念[36]。构成基本隐喻的两域间联系的因子不是某种共同的结构特征，而是对感知的事件进行认知加工后形成的概念联结（conceptual binding）[36]。同样为了补充说明映射逻辑的来源，Lakoff 等又提出存在链（the great chain of being）的概念，认为对于名词性概念的本体隐喻有一个从低层次到高层次抽象的历程，最终要以人的属性为参照[37]。根据 Kövecses 开展的隐喻分类研究，本体隐喻属于超个体的隐喻层次，也就是语言中的概念隐喻[38]。而在思维层面，Kövecses 相信人们同样受隐喻习惯的影响。除了类型的复杂性，隐喻操作也常常需要多种映射方式的组合，如基本隐喻和其他隐喻共同组成的合成隐喻，还有从基本隐喻的具象化产生的非合成隐喻。总之，人类属性和人的亲身体验、经历是隐喻思维无处不在的现实基础。原型、符号、隐喻这些概念对知识的类比、迁移、启发现象有各自的解释力,用它们分析设计中用户认知研究的数量已经相当之多,绝非什么新颖的话题。

除映射之外,研究者还提出了隐喻的另外两种工作机制。一种叫互动,它是较早定义本体和喻体关系的理论。互动说把二者的关系看作是对陈述真正意义的"追寻"的过程,为此,应该首先识别喻体隐含的特征,再在本体中寻找对应的部分,使二者互相参照[39]。另一种叫概念融合(conceptual blending),它的诞生使我们能够剖析一些单向映射所不能解释的复杂隐喻。Fauconnier 等用心理空间的概念取代了"域"这一术语,认为隐喻是四个心理空间互动的产物。其中,本体和喻体各有一个包含意义系统的输入空间(input space),它们在互相映射的同时,其共享的成分组成一个类空间(generic space),而另一些成分被选择性地映射、投射到整合空间,从中创生出输入空间所没有的突现结构[40]。和概念隐喻相比,融合理论更适合于解释新创的概念化(conceptualization)案例,弥补了概念隐喻实际应用时的一些缺陷。

对隐喻机制进行不同诠释的还有 Gentner 的结构映射理论、Ortony 的突显不平衡模型和 Glucksberg 等的特性赋予论。结构映射理论提出了互动论所缺少的特征对应的方式,它认为相似性的成立建立在相同的抽象关系的基础上,这种关系可以通过名词、谓语动词要素的一一对应和并行关联[41]来结构化,这种结构和概念隐喻的映射所需的意象图式结构不完全相同。突显不平衡模型主要聚焦的是本体和喻体对隐喻内涵特征的突显不对等的问题,而特性赋予论提出隐喻的映射源自本体和喻体的上级范畴所共有的某种特性。以上林林总总的理论和视野,都是为论述人们用 A 事物去认知 B 事物现象的成因而服务的。

1.2.3 语义、意象与心理模型

但凡谈到使用者认知的话题,往往会涉及心理模型的概念。这一名词在设计研究中出现频率极高,但其定义有别于其他科学领域。诺曼(Norman)认为,心理模型是使用者推断的操作方法,是用户"根据产品应达到的目标而对产品的概念和行为的期望"[42]。对控制黑箱系统的手势来说,心理模型的问题不再关注对操作的预测,而是转变成了不同用户的同一种意向通过动作外显后的一致性问题。据此,从文本化的用户意向去探讨其心智上的共性就显得尤为重要。

在认知语言学对语义呈现和语法组织的观点中，意象（image）是一个重要的概念。它的核心价值在于以表征的形式为客体或事件在脑海中构造一种抽象类比物（abstract analogy）[43]，这种类比有一定的结构，可以被图象化，故能被用来具象地分析语义及其背后说话者的心理模型。意象的概念参与了认知语言学中两种理论的建构。约翰逊的研究侧重于解释它的成因即具身经验，提出了意象图式学说；而兰盖克（Langacker）从射体（TR）-界标（LM）理论（trajectory-landmark）出发，把意象看作是不同的观察方式所导致的意义突显和情景理解，提出四种生成意象的模式：选择（selection）、视角（perspective）、突显（salience）和详细程度（specificity）[44]。意象形成所包含的基体（base）和焦点（focus）都可以用图示反映，这种结构化、具象化的意象的表述本身也运用了人们熟悉的隐喻和相似性原理。用兰盖克的意象概念去进行句法分析的话，能清晰地认识说话者表述的重点和意味。如 Gropen 等发现，去掉不定式后谓语携带的双及物动词更多地含有"存在/有"的意味，"使动"的意象不再明显了[44]。

顾名思义，意象图式是图式化的意象。在话语分析时，通过寻找射体和界标，可以识别说话人所用的词汇（名词、动词、副词、小品词等）、句法和语序所依据的心理意象，而这些意象通常符合一些反复出现的模式，即意象图式。霍提恩（Hurtienne）等提出用逐字分析法提取用户叙述中的意象图式，再以亲和图等工具归纳出用户在描述某种事实、观念、意图时头脑中所激活的意象图式，将它们和这些概念对应起来组成隐喻，最后将隐喻视觉化的设计流程[45]。Cienki 研究发现，人们用意象图式对手势、伴语手势（co-verbal gesture）、伴随手势的言语和文本的解释体现出一致性，但从手势中识别出的意象图式更丰富[46]。

1.2.4 交互手势的用户参与式设计方法

交互手势的设计方法有两种：专家定义和用户定义。专家定义法遵循以用户为中心的设计流程，经历设定问题、发散概念、将概念系统化得到具体方案、测试与迭代几个步骤。专家设计离不开对一些指导性设计原则的参考，如 Golod 等所提出的几点原则和启示。它首先界定了一个交互手势短语（gesture phrase）的行为元素，包括激活（activation）、前馈与反馈、增量行动（incremental actions）和结束（closure）。此外，还要保证手势能不言自明（self-revealing）、防错、防疲劳、不引人注目(unobtrusive)等[47]。Karam 制定了一个交互手势的设计框架,全面地涵盖了设计的诸多要素、变量和参数[48],有助于专家对方案的调整和评估。但是目前,专家设计的手势交互应用更多地关注专属的情境和技术上的适应性,系统地针对自然交互的方法论并不多见,因此越来越多的设计实践都在尝试用户的直接参与,这样可以充分挖掘目标人群的已有知识和思维模型。用户定义(user-defined)泛指用户参与设计的手势,具体而言,不同的个案中用户的参与程序不同,可运用的思维方法不同,对设计方案的贡献程度也不相同。其中,研究者最常用的一套工作方法是用户手势启发(user gesture elicitation),它是用户定义交互手势的一种主流方法。该方法所遵循的流程是确定手势所要实现的功能,从用户视角收集手势偏好,设定选择和评价手势的基准[49]。使用这种方法的初衷在于调查用户对新界面交互方式的期待,便于设计人员更好地从用户的立场上看待新的交互知识和用户已有认知的关系。

　　一言以蔽之,用户手势启发的整个过程是让用户对确定的输出和效果赋予个性化的手势指令,而后根据一定的指标(如用户手势的出现频率)来挑选、微调(fine-tune)手势,获得手势语法规范。当然,专家或设计人员也可以扮演用户的角色,开展基于不同界面类型的头脑风暴,Bouchard 等把这种方式叫作 Touch-storming 和 Body-storming[50]。而对于非专业用户,他们的参与同样不仅仅停留在提供初步方案的地步。Mahr 等认为,需要让用户和实验者有更多的互动,将用户单方面提供手势的方案变为双方共同参与手势改进迭代的形式[51]。随着研究的推进,用户定义的内容也已不仅是手势本身,研究者还希望他们能报告自定义手势的意涵和认知上的来源。另外,挑选用户手势的方法也变得多样化,除了让用户自评以外,比较常见的是二次选择法。二次选择又被称为基于选择的启发(choice-based elicitation)[52],就是让原来的用户组[52]或者新用户组[53]从出现频率较高的用户手势中选出自己最偏好的方案。选择不同的用户组重新参与选择有其各自的优势。用户再次审视自己提出的手势,将其和其他方案比对后,可能会改变“暂时的”偏好,进而真正认识到自己的个人倾向。引入新用户组则会扩大参与者的样本量,更有利于观测小样本和总体间是否存在较大的偏好上的差异。

　　用户手势启发直接反映了用户的交互偏好,因此,用户自定义的手势可能比专家定义的手势更容易记忆[54]，更符合使用的直觉[55]。但是，每个个体所提出的手势集难免互相冲突，致使同一个手势被配对到不同的功能上。况且，据Choi 等人的调查，用户在较长时间后再度参与同一个手势启发实验的话，有多达 65％的最佳手势和首次实验不一致[56]，这表明用户自述的偏好（stated preference）并不可靠。于是，Morris 等认为，要鼓励用户穷举（production）所有的偏好，以让他们真实的想法有机会得到展现[57]。

用户手势启发的应用目前已经极为广泛，各种媒介、界面和手势类型都有研究者涉足。一些开创性的研究有，Wobbrock 等对基于 Surface 的多点触控手势的启发实验，为后续类似的研究开辟了道路，并且展示了手势启发实验的基本内容[58]。Ruiz 等定义了用于移动设备的握持状态下的系列手势[59]。Vatavu 提出了基于 Leap Motion 的一套自由手势，用来控制智能电视以及类似的实体/虚拟屏幕[60]。Seyed 等人把目光放在跨设备交互（cross-device interaction）方面，从用户处征集了一系列关于智能手机和平板设备间直接交互的手势和感应方式[61]。Chan 等人另辟蹊径，探索了一些常用的交互指令对应的单手手势（single-hand gesture）（附录 A）[62]。

然而，目前的用户启发研究评选用户偏好的标准都是手势被提出的频次，这不能保证自然交互的设计目标顺利实现。第一，文献研究发现，不同研究者对相同媒介、界面的调查所得到的高频手势并不一致，说明传统的手势启发实验结果具有开放性（open-ended）和不可重复性，单纯的用户调研结果不能轻率地被作为最终方案来看待。如果调研仅仅停留在获取当前用户组的整体偏好上，就忽略了用户先在知识的迁移、联想机制这一使自然交互得到满足的根本问题。第二，用户启发法缺少和专家设计的协同，这导致以往研究所报告的一些用户偏好手势在可用性上有明显的不足，如姿态复杂、误操作风险大，等等，以迎合部分用户的认知和理解为代价，实际上却损害了交互的自然体验。本书讨论的核心内容就是围绕以上两方面未解决的问题而展开。

1.3　研究的意义

交互设计的终极目标还是人机间的自然沟通。万物互联和人工智能浪潮的到来使日常设备的计算和感知能力大大增强,对输入信息的判断更加敏感、精准和有预见性。这既推动了可交互设备种类的扩展,也让使用者在同一时间和多个智能设备的互动成为可能。这种新的趋势给手势交互主要造成两方面的影响。(1)接受手势信号的界面形式更加多样,已不止实际屏幕和空间手势所面对的远距离的交流对象两种。根据 Morris 等人对用户手势启发的研究,当普通用户被问及如何为新的界面定义手势输入时,他们习惯于照搬或借鉴自己熟悉的或者任何现有的、流行的交互方式,将其作为适配于新系统的方案。这种现象叫作 legacy bias[57],即对传统交互方式的偏爱。那么,新的交互手势是否能完整地继承惯用手势的形态和表意方式?如果不能,如何在用户已有知识的基础上,为其设计尽可能自然的手势命令?(2)语音的自然交流属性决定了它在未来交互场景中的主要地位。但是,由于手势指令缄默而快捷,很适合用来传达语义简短而固定的要求,它可能会更频繁地作为其他输入通道的辅助,实现场景和需求上的互补,提高交互的效率与自然体验。这样一来,基于手势的自然交互不仅要保证关注状态下的流畅性,还要确保其自然程度在分心状态下不受影响,操作效果没有显著的损耗。以上的背景无疑给自然交互手势的设计提出了新的任务。

本书的主要内容是研究如何在用户参与式设计的基础上,由专家协作并管理部分流程节点,完成交互手势语的设计。研究提出了一种模块化的设计方法,它在原型衍生理论的基础之上,尝试用揭露用户的行为偏好与认知推理背后的意象图式的方法,来为潜在手势的定义提供可参考的心理模型上的共性。由于意象图式能充当隐喻和相似联想的结构性理据,手势越是直接反映用户频繁激活的意象图式,它被自然使用的可能性就越高。以此为假设,研究在理论和实践两方面对上述的设计问题做了探索性的研究、求证与应用。

理论方面,本书回顾了辨析语言中的意象图式和用意象图式去构建设计所需的隐喻的文献,讨论了意图的产生、头脑中即时意象的生成和手势的自然表达三者间的紧密联系。将识别意象图式的方法移植到对用户自定义手势和用户行为的解读上,通过专家的介入避免了手势启发法的一些固有缺陷,完善了概念初始阶段的手势设计流程。本书涉及的研究总体上是对已往自然交互设计方法的充实与改良。

实践方面,本书依照文献综述部分所说的手势界面的类型,为几类尚缺乏广为接受的技术方案和用户认知习惯的手势界面设计了手势集。在评价实验中，设置了分散受试者注意力的任务来模拟实际的多任务处理场景。通过设定评价指标，初步检验了手势交互在较为极端的干扰条件下的自然程度。

1.4　研究方法

本书同时采用了定性和定量两类研究方法。在理论研究部分，采用的是文献分析法和内容分析法，论证了意象图式在构建设计隐喻时的重要性，说明了用意象图式解释自然手势行为对于研究用户思维的价值，最终提出了用户和专家协力的参与式设计方法。在关键问题的阐述上多采取个案分析法，并用预试研究的调查结果印证某些论断。

在设计实践部分，研究采用了以问卷调查、人类学方法、内省法、口语分析为代表的定性研究与 Wizard-of-Oz 测试、双任务测试（dual-task test）、视频分析、评价量表等定量方法。不同的设计阶段所使用的方法各有不同。大致上，本书所提出的设计方法可分为"用户定义"、"识别意象图式"、"专家评价"和"二次选择"四个阶段。在用户定义阶段，采取 Wizard-of-Oz 测试法获得用户手势定义的描述性数据，再以问卷法、人类学方法和内省式的自述得到被试者对手势的认知和事件原型。在识别阶段，专家使用既定的编码对访谈材料做口语分析，最终获取用户偏好的手势（user-preferred gesture）所基于的意象图式。研究假设，提取最典型的意象图式有助于设计者发现对用户来说非常自然的手势。

在验证部分，主要使用视频记录和可交互原型的日志数据作为定量资料，而以分发给被试者的评价量表作为定性资料。视频分析的方法是逐帧分析法，即用编辑软件对高清摄影机采集的录像进行截屏，来确定被试者行为的时间数据。通过实验室测试，全面判定了设计方法的实践效果。最后，通过回溯相关文献和总结研究的不足，辩证地评价了当前研究的进路，并展望了未来的发展趋势。

1.5　研究内容与结构

通过设计做研究（research through design）和通过研究的设计（design

through research)是设计研究中两组基本的互动关系。在 Zimmerman 等描绘的模型中，交互设计研究者要吸纳来自工程技术、人类学和行为科学三方面的知识，将一般性理论嫁接到具体的设计空间、使用情境和特定人群[63]，在纷繁的限制条件下寻找能缩小和切入问题的要点，创造出革命性的、"正确"的设计交付物[64]。Gaver 认为，基于实践的研究(practice-based research)不是为了不断完善综合性的设计理论，而是为了给案例或某种设计的倾向找到理论上的注解[65]。本研究的主体是自然交互手势的设计方法。在理论推导到方法提出的一系列环节上，采用的是边设计边推论的行动研究做法，论证了理论模型的基础性假设，并且为完整的设计方法提供了实证依据。在将方法应用到设计项目上时，将其完整地置入情境化设计流程，并因此产出了相应的概念性设计方案。之后，研究回顾了设计过程和结果所表现出的现象与问题，反思了设计的理论、方法的可行性和必要性。在整体结构上，研究体现出"设计—研究"(通过预试研究完成理论建构)、"研究—设计"(将方法论运用到设计案例中)、"设计—研究"(从设计实践回顾理论部分)的三段式。通过理论与案例实践、应用实践的反复穿插互动，试图辨析为解决自然交互手势的设计问题而提出的新方式是否"正确"与"有效"。

本书一共分为五章(图 1-2)，具体如下。

第一章概述自然交互和交互手势的设计研究现状，在详细研究已有的相关文献、总结发展趋势后，指明了该领域新的设计机会点和相应的设计方法欠缺的问题。

第二章的主要篇幅是理论论述，提出了用提取事件隐喻的内在结构(inner structure)的方式来选择用户群体最为偏好的事件原型的类型作为手势认知分类标准的设想。本章首先讨论了手势在表意形式上的类别，阐述了手势意义衍生的模式。接着结合自然交互手势设计所面临的挑战，讨论了用户的情境知识在手势交互时如何运用的问题。在这一基础上，通过分析用意象图式这一认知结构去解释对语言、行动、界面认知和产品语意等信息的加工，指出意象图式能起到系统地解释用户的已有知识和心理模型的作用，即意象图式的编码。

第三章的内容是论述基于意象图式的编码和解码的手势设计方法。该方法脱胎于用户研究中常用的手势启发法，包含了四个阶段，其中最重要的阶段是识别意象图式。为了测试跨文化影响，笔者征集了中外被试者共 50 人进行预试研究（pilot study），证实了意象图式的激活与文化、知识背景无关。本章的最后部分陈述了设计方法的程序和架构。

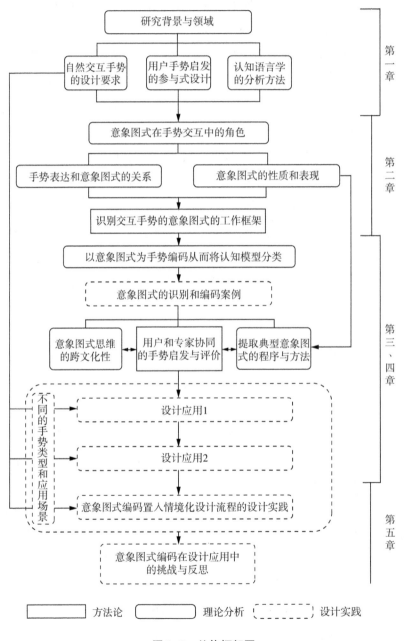

图 1-2　总体框架图

　　第四章和第五章是关于设计方法的应用检验。这两章依次汇报了三个交互手势设计案例：基于实体界面的手势交互、基于握姿的微手势以及用于和服务机器人对话的交互手势。前两个案例是初步研究（preliminary study），目的是观察不同界面的工作条件和不同的交互场景所带来的结果上的差异。经过多方位、多轮次的设计实践，对概念手势集的自然程度做出了评价。

　　综合以上所有的理论研究、应用研究和实验数据，在第五章中，笔者从方法论角度探讨了意象图式编码在理论的借用、引入和实际操作时不可避免的问题，特别强调了它的适用范围和意义。在结论部分，对方法论在用户研究领域的应用做了相应的展望。

第 2 章

意象图式在交互手势设计中的角色

2.1　概述

手势交互是一种相对于 WIMP 而言更贴近自然交流的输入渠道,是人类语言系统中手势的提炼和发展。Caramiaux 等人指出交互手势来自表达思想和意义的主观意图、愿望,因而有别于由其他动机所引起的手势动作[66]。因此,任何交互手势都是语义和表层行动的结合体,可以在认知上向前溯源和向后衍生。语义的复杂度会直接影响手势表达的精力和时间成本。如图 2-1 所示,交流的内容越具体,就需要更精确、信息量更大和动作步骤更多的手势[67]。而越是如此,就越难保证用户能借助以往的交互经验去自然地理解和掌握手势。

图 2-1　信息交流从基本到复杂的连续体

在本章中,笔者首先论述了分析自然交互手势设计的框架。它包括手势的形式-意义关系的组成和认知原型、将行动的意义进行编码的手势表意法则、理解和运用手势所需的用户先在知识及情境对手势的认知和使用的影响。研究认为，使用者头脑中的经验和已有的知识、习惯与整体的使用情境塑造了他们的手势偏好和对形式-意义关系的认知，而这种认知稳固与否，在于他们是否会用一贯的类比和推理结构去看待交互意图和手势事件的特征及意涵。基于以上的推论，研究提出可以通过提取用户在理解和准备手势行动时所激活的意象图式去分析他们在思维上的共性，以期找到用户最普遍的有关手势认知的心理模型。因此，本章还讨论了从语言和行动两方面识别与提取意象图式的方法，为第三章的参与式设计方法研究奠定了理论基础。

2.2　手势的分类

英语中"手势"（gesture）一词源出中古拉丁文 gestura 和 gestus，意为负载、行为或行动的模式。16 世纪以后，它被界定为"以表达思想和情绪、感受为目的的身体或身体某部分的运动"。可见，英语语境下 gesture 的定义包含了两组因果关系，对执行 gesture 的主体而言，有内在的动机促使其身体运动；对旁观者或受话者而言，这些身体运动是可解读的。由于人类双手和上肢能完成的动作在数量上远超其他身体部位，中文习惯用"手势"一词对应英语中 gesture 的部分意涵，因此，但凡涉及非上肢的运动，本书皆以 gesture 一词来描述，以区分广义和狭义层面的概念。

英语对 gesture 的定义揭示了它的两种基本属性：表意和行动。以此为框架，可以从不同的维度来对 gesture 进行分类，分析表意和行动的属性在不同视角下的特征。Vafaei 将表意划分为五个维度，分别是本质（nature）、形式（form）、约束（binding）、时序（temporal）和情境（context）；将行动分为五个维度，即多维性（dimensionality）、复杂性（complexity）、部位（body part）、惯用肢（handedness）和动作幅度（range of motion），见表 2-1[68]。这一分类体系从宏观的视角梳理了 gesture 的种种特性，然而，它并未透彻地论述表意和行动二者是如何联系和互动的。

表 2-1　手势的分类维度[68]

按表意特征分类		
本质	操作性手势	直接操纵、移动,对实物采取行动的手势
	哑语	模仿有意义的行动的手势
	符号性手势	作为通用符号表达固定含义的手势
	指向性手势	指向某个方向或对象的手势
	抽象手势	强制地表达某种含义的手势
形式	静态	静态的体位、姿势
	动态	在运动中完成的手势
	挥动	肢体从一点移动到另一点的手势
约束	物体限制手势	受接触物的位置、形态、质感所影响的手势
	环境限制手势	受活动空间影响的手势
	无限制手势	可以随时随地执行的手势
时序	连贯手势	手势的效果伴随手势动态产生
	分段手势	手势的效果在手势动态得到确认后产生
情境	情境相关手势	只能代表单一任务和含义的手势
	非情境相关手势	可以根据相应情境代表不同任务和含义的手势
按行动特征分类		
多维性	一维手势	手势的活动范围不超出一根坐标轴
	二维手势	活动范围限于二维空间的手势
	三维手势	活动范围限于三维空间的手势
	六维手势	在三维空间内旋转及平移坐标轴的手势
部位	手部运动	只有手掌和手指运动
	上肢运动	手臂带动手部运动
	头部运动	只有头部运动
	肩部运动	肩部的运动
	足部运动	足掌和腿部的运动
惯用肢	惯用肢适用	应由惯用肢执行的手势
	非惯用肢适用	专门适合非惯用肢执行的手势
	双手适用	双手适应度相当的手势

（续表）

按表意特征分类		
复杂性	简单手势	只有一个动作符的原子手势（atomic gesture）
	组合手势	多个动作符集合的手势
动作幅度	大幅度	大于或等于正常关节活动度 50% 的手势
	小幅度	弱于正常关节活动度 50% 的手势

相比之下，用伯克（Burke）的戏剧五位一体（dramatistic pentad）分析法[69]确定手势分类的维度更有助于考察手势背后的语言、思维活动。将戏剧五要素和 Vafaei 的分类维度相配对，可以发现，手势的存在属于行动者（agent）的范畴，手势受环境制约的因素属于场景（scene）的范畴，手势的动态特征属于行动（act）的范畴（表 2-1）。这三者只归纳了与手势有关的客观世界的参数与常量，不涉及建立表意和行动间联系所需的主观心智活动，而从目的（purpose）与手段（agency）范畴出发的归类则正好相反。事实上，语言学家对纷繁多样的手势进行的分类主要是从它们产生的动因和表意形式两个维度来展开的。

2.2.1　手势产生的动因

麦克尼尔（McNeill）的手势语言观认为，手势和语言共享大脑的一个计算过程（computational stage），是"同一心理构成的两个方面"[70]。手势伴随着言语产生，在无出声、交谈情况下出现的频率很低；它和言语有共通的语义和相同的语用功能，儿童在语言发展的同时习得了手势。可以说，手势的根本动因在于表达，是语言的有机组成部分。Berckmans 指出，行为通过两种模式呈现其背后的意义、内容与动机，一种是表明（indication），另一种是表现（exemplification）[71]。表明是凭借常识、理性和逻辑来推断行为所反映的信息的过程，而表现是行为对信息的反映的形式化，观者需要透过表面现象通过主观的认知加工来诠释行为。Berckmans 举例说，穿上防弹衣表明人内心的恐惧和担忧，脸上浮现出皱眉等表情则是忧惧表现的一种。由此可知，手势和表情、身体反应一样属于行为的表现模式，所不同的是，它表现的是思想过程的一部分而非某种生理状态。

手势语言观强调手势和语言是相互伴生的，因此手势的动因是要在满足语言基本功能的同时,弥补因说话者个人和情境等因素所导致的单凭语言不足以实现其自身功能的缺陷。Müller 认为,手势的功能和语言是重合的,借用 Bühler 的语言功能观,她指出手势存在的意义有描述事与物、表达内在状态或情感以及向受话者传递交流信号并施加影响的呼吁(appeal)作用[72]。在为了满足描述和呼吁功能时,说话者会通过手势描绘所叙述的事件或对象的某一特征,根据手势所营造的心理形象,来为组合式的、线性的语言结构提供整体性的思维和画面感。而以情感表达为目的的手势是情绪所造成的相应的身体反应在动作上的微缩和在认知上的进一步抽象[72]。在动作上,手势用部分的运动形象替代整个身体的形象;而在认知上,手势和身体表达的图式特征相一致,使得形式-意义关系得以维系和稳固。Müller 以高昂的情绪(高兴、亢奋)和低沉的情绪(悲伤、失落)为例,指出情绪的高低决定着 gestures 的方向——高昂时举手向天,低落时以手掩面——和性质,如攥紧拳头以表示愤怒。这种情感和 gestures 的对应关系来自具身的体验,表达情感的 gestures 是情感引起的身体活动和生理变化的自然反射。

相比于把手势的动因等同于对语言功能的满足的观点,Krauss 等认为,手势作为交流工具所起到的贡献其实微不足道,它真正的价值在于缓解语言表述时的紧张感和为词汇提取(lexical retrieval)提供支持[73],从而使声音语言和肢体语言结合为完整的表达体系。也就是说,手势不仅有助于对词不达意的表达内容做补充说明,还往往在说话者准确地选择词汇和成功地组织语句之前自发地形成。这一现象在儿童语言中体现得尤为明显。Goldin-Meadow 指出,由于手势的象似性和类比特征,说话者能用手势快速地表达适合以这类形式呈现的概念和无法完备地进行语言编码的思想[74]。在对这种快速表达认知机制的解释中,Krauss 等提出的会话-手势产生模型(speech-gesture production)[73]系统地分析了手势在从概念化到表述过程中扮演的角色(图 2-2)。该模型认为,语言和手势的认知来源都是瞬时性的工作记忆,它是信息经识别、处理后构成的包含该信息多向度特征的认知集合。这些特征当中偏命题的部分经过概念化(conceptualizer)和规范化(formulator),以语法-音韵的双重结构通过发声器官传达出来,成为语言;而偏空间动态的特征经过特征提取,继而激活肌肉运动系统产生手势。由于保留的特征不完整,手势或 gestures 只能体现概念特征的一小部分,但因为抽取的特征元素不同,手势能反映说话者意图所及但又无法用寥寥数语所阐述的思维内容。

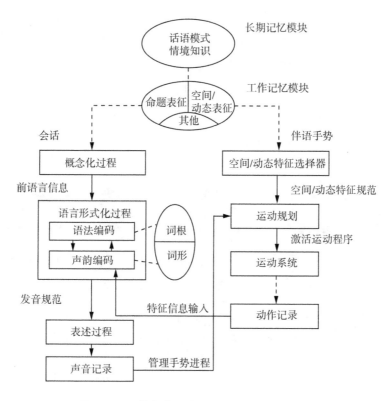

图 2-2　手势在伴语过程中的角色和产生机制

在词汇加工假说的基础上，Alibali 等提出了信息综合假说（information packaging hypothesis），认为手势的目的是让受话者减轻理解言语所需的认知负荷。它指出手势参与了对信息的概念规划（conceptual planning），能帮助说话者将有关的空间信息包装和综合，成为可用言辞表示的单位[75]。手势在参与组成语言对话表层形式的同时，还提供了语言所指的概念的模拟表征，而这部分概念特征难以用词汇去提取。通过回顾对手势和语言相互作用的认知、生理基础的相关研究，可以认为，手势和言语是共享同一套语义的两种信号，是同一个交流系统的不同表达路径。它们采取不同的解码方法对相同的概念、语义、事件进行特征的解构，再以不同的编码手段将其外化为身体符号和语音讯息。

从更宏观的层面看，手势或 gestures 的产生都是因为有完成相关身体动作的必要。肯顿(Kendon)把身体动作按必要性分为四种：交流的需要、对周边环境和物品施加作用的需要、改变身体位置的需要、情绪流露和下意识规避的需要[76]。和语言伴随性手势不同的是，不以交流为目的的手势不是为表意而生的，它们被动地、间接地传达了需要人们去主动释读的意义。根据不同的表意场合，Kendon 将交流性的手势本身又分为四类，形成多维度上的概念连续体(continuum)。这四类手势是示意动作(gesticulation)、象征符(emblem)、表意手势(pantomime)和手语(sign language)[77]，见图 2-3。

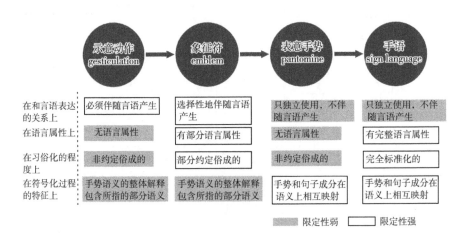

图 2-3 交流性手势的四种类型[76]

2.2.2 手势的表意形式

手势的表意形式的实质是将被描述对象的心理表征抽象成可识解的意义后，再由手部动作呈现时所采用的方式。从 20 世纪早期开始，根据手势的表意形式进行的分类研究已有非常多的积累。表 2-2 列举了其中数个有代表性的研究，并在下文中对牵涉到的分类概念及其定义做出了解释。

作为最早研究手势类型的学者之一，冯特(Wundt)将日常手势分为指示性(demonstrative)和描述性(descriptive)两大类，这也为后续的研究奠定了分类的框架和基石。指示性手势即指向的手势，主要用于转移交谈参与者的注意力、指明空间关系和特定物。描述性手势又可分为模仿性(mimic)、象征性(symbolic)和包含性(connotative)[78]。模仿性手势顾名思义是指模拟物体或行动的手势,象征性手势是指用手势表示承载某个意义的符号,而包含性手势指用手势表示对象的部分特性借以代表其整体和还原其本质。Wundt 的分类法指出了手势表意的两个模块,一是表现事物可描述的性状,即有关陈述性知识的部分;二是表现事物对于在场者的意义,令事物与对话的参与者之间有更多的互动。

Efron 的分类研究提出,和语言功能相一致的手势有两种形式:逻辑性(logical)与对象性(objective)。前者的用途是表示句法、语言逻辑或表意结构(ideational structure),如凭空挥手,或在半空描画轨迹或方向以表达句子的转折、强调等思维的走势。后者是用来独立表意的,其表意的策略有指明对象的指示(deictic)和突显对象特征的描摹(physiographic)。其中,描摹又分为展现对象的外形、物理属性和空间位置的描物(iconographic)与展现对象活动的历程或特征的绘事(kinetographic)[79]。

表 2-2　手势分类的文献综述

研究者	手势类型	子类	
Wundt	指示手势		
	描述性手势	模仿性手势、象征性手势、包含性手势	
	逻辑性手势		
Efron	对象性手势	指示	
		描摹	描物手势、绘事手势
Ekman 和 Friesen	描绘手势	指挥型手势、表意手势、指示手势、空间性手势、象形手势、绘事手势	
	象征符		
	交互目的手势		
McNeill	图象化手势	象似性手势、隐喻式手势	
	非图象化手势	指示手势、指挥型手势	
Müller	象似手势	构型手势、描边手势	
	行为手势		
	代表性手势		

（续表）

研究者	手势类型	子类	
Krauss、Chen 和 Gottesman	语汇（示意）手势		
	象征手势		
	指示手势		
	运动手势		
Palvlovic	操作性手势		
	交流性手势	行为	模仿手势、指示手势
		符号	指代手势、模式手势
Karam	操作性手势		
	交流性手势		
	示意动作		
	信号手势		
	手语		

艾克曼（Ekman）与弗里森（Friesen）的手势分类很大程度上受到前人影响，继承了 Efron 的一部分观点。他们提出了与对话内容相关的描绘手势（illustrator）和象征符（emblem）的概念，其中描绘手势又包括指挥型（batons，包括节拍性的手势 beats）、表意（ideographs）、指示（deictic）、空间性（spatial）、象形（pictographs）和绘事（kinetographs）[80]；而象征符是表示简短语句或固定含义的惯用符号，是特定的文化积淀和意义凝练的产物，如 V 字手势之类。Ekman 等注意到在描述式之外，还存在以情感表达[81]和保持对话的交互关系（regulators）为目的的手势，而描述式内部又可分为图象化（imagistic）和非图象化（non-imagistic）——如强调某个字词与描述事件的发展脉络、节拍——两种表达策略。在这里他们首次用象似式（iconic）和隐喻式（metaphoric）来表述图象化的两种途径，这些术语被后来的研究者如 McNeill 所采纳，从中发展出自己的分类原则。

通过对 Efron、Ekman 等人研究的总结，McNeill 的四分法将手势归结为象似、隐喻、指示和指挥四种维度[82]，前两者属于图象化手势，后两者是非图象化手势。象似包括了 Ekman 提出的几种用造型、轮廓、方位、态势来描绘事物特征的手势,追求特征的形象化再现;隐喻手势表现的是携带意义的符号,这不同于 Wundt 所说的象征性手势,它表面上是形象化地描绘事物,其隐含的语义则来自事物所隐喻的本体,依托该符号而存在。根据这一分类体系,一些定义上有交集的维度得到了整合,如一部分象征手势被认为是隐喻式的一种特殊形态①,它本身也运用了象似的策略[83]。Müller 认为,象似的子类别有构型(molding)和描边(drawing)两种。她进一步发展了图象化手势的分类,提出行为和代表两类手势[84]。Krauss 等重新整理了以往的研究和概念,进而从手势伴随语言产生的必要性角度将语汇手势(lexical gestures,即 Kendon 所谓的示意动作)从象征、指示和运动手势(motor gestures)三类——即象征手势、指示手势和表强调、顿挫、节奏的无实指手势[73]——当中独立出来。

　　和语言学领域的手势分类相比,Pavlovic 等对应用于人机交互领域的手势进行了重新分类,引入了操作性(manipulative)手势的概念。操作性手势是那些操纵日常物品时所需的手部动作。与之对应的是交流性(communicative)手势,它包括行为和符号这两种表现形式,其中行为表现的策略有模仿和指示,而符号的表现策略包括代表静态实体的指代手势(如画圈代表车轮,相当于表意)和表示动态含义的模式手势(如手掌上下拍打表示飞鸟振翅,相当于绘事)[85]。Karam 的分类与 Kendon 的看法相近,把作为交互输入的手势分成操作性、指示性、示意动作、信号手势(semaphoric,即象征手势)和手语五类[17]。

　　总的来说,已知的手势分类所采用的维度之间存在相互交叉和包含。从符号学角度,手势的表意始终是围绕将被描述物的特征形象化以及为特定的语义寻找可以具体化和图象化的象征、指示与强调、表现缺少理据性连接的社会约定符号这三种基本策略来展开的,它们与 Peirce 对符号的分类——象似符号、指索符号、规约符号——是一一对应的(图 2-4)。Trafton 等发现,对于空间工作记忆,人们更习惯于用象似性手势去表达空间中事物的变化,而非空间关系与实物的体量[86]。因此,具体情况下不同的意义呈现方式很可能取决于被描述对象的心理表征在性质上的差异。

―――――――――――

　　① 举例来说,足球场上球员、教练员为了抗议裁判的不公正,往往会做出"数钱"手势表达愤怒。该手势形象地表现了数钱的动作,在语义上则是通过"受贿"这一导致不公判罚的突出原因来转喻不公正现象本身。随着足球文化的推广,该手势也在演变为表达情绪的象征性动作。

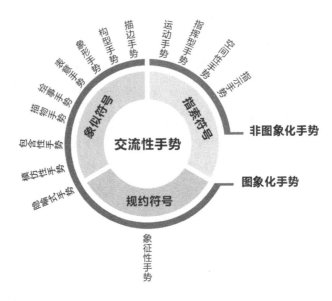

图 2-4　交流性手势的表意方式和符号与指称对象关系的对应

2.3　交互手势的形式-意义关系

2.3.1　手势形式-意义关系的产生与构建

手势作为语言的辅助和伴生物,是表达形式和内在意义间关系以不同的表意策略通过手部运动显现和传达的产物。当手势作为人机交互的输入信号时,这一定义也同样适用。由于自然交互的实质是让用户的已有知识与认知模式能无障碍地迁移到对新界面和交互行为的理解上,缩小认知鸿沟,自然交互手势的设计势必要以保持用户固有的、先在的对形式-意义关系的认识,并根据特征的相似性将其衍生、转接到新的映射关系为宗旨。在符号学层面,所谓形式-意义关系就是能指和所指间符号化的过程,又称作意指。从理论上说,依靠知识的复用、演变、进化来强化新事物和认知原型间的亲缘性有利于降低用户的接受门槛,是设计活动的普遍追求。然而需要指出的是,有原型的依据是交互手势能被自然地理解、掌握和发挥的必要不充分条件。因为原型知识的运用主要存在于设计意图之中,对完整的、系统的原型认知的激活并非手势自然使用的前提。提出这一论断的基础,在于(1)促使形式-意义关系产生和构建的主要是原型相似性所赖以维系的结构化表征;(2)用户构建形式-意义关系所基于的先在知识非常复杂和多样,故而寻找结构化表征在方法的有效性上胜过寻找原型事件或概念;(3)用以理解形式-意义关系的结构化表征受情境因素的影响而体现出不稳定性。本书主要围绕从以上假设所推导出的自然交互手势的设计方法及其理论依据展开讨论。

2.3.1.1　动作意图的产生

在人们有意去执行某个带有交互意图的行动之前,一定有某种产生意图的动机。作为行动意义的重要来源,这些动机和意图都会影响动作的外在形式,产生出不同的形式-意义关系。关于行动和意图的关系,塞尔(Searle)认为,在直接引起行动的行动中意图(intention in action)之前,可能存在先在意图(prior intention)[87]。它是计划好的、自发的意图,决定了行动时将会实施的具体的次级意图。因此,先在意图的满足条件是整个行动,而行动中意图的结果是身体以何种方式移动。换言之,先在意图可被看作 Norman 用户行为步骤当中的目标设立阶段,此后人们才会确定行动的模式和路径[42]。Kuutti 的行动理论也提出了类似的行为链(chains of actions)的概念。在任务、行动、操作的三重体系中,活动是行动的先在意图,或者说是行动所基于的是更宏大、更抽象和形而上的目标[88]。Walliser 则将活动看作制定目标和子目标的根本动机,用行动规则理论解释了动机与目标的层级结构[89](图 2-5)。所以说,一个单独行动的行动中意图是既定的,而它的实现所满足的意图则可以理论上无限地推演和放大[90],只不过,脱离了行动内容的非直接意图对于了解行动中的心智和行动意义并无价值。

先在意图和行动中意图会以事件的形式进入行动的意义层,成为行为要表达的内涵。关于意图的实质,Davison 认为意图是欲求(desire)和信念(belief)的结合[91],Bratman 则提出意图是行动者计划的结果[92]的看法。在用语言复述欲求、信念、计划或是自由意志时,往往是在表达一些至少包含了行动和受事者的事件。例如,一名司机觉得车载音响播放的音乐嘈杂不堪,他有可能采取不同的应对措施,要么不再播放音乐,要么跳过嘈杂的部分。前者的行动可以是关闭音

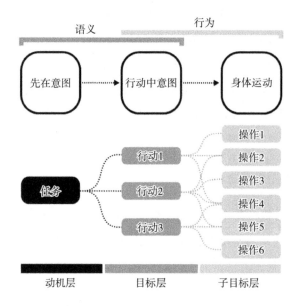

图 2-5 从意图到行为的层级结构

响、先暂停等行车风险降低后再续听、永久删除此音乐;后者的行动有快进、切换音乐等。于是,不同的行动中意图所涵盖的事件语义所对应的控制手势会有所不同,但它们共同的先在意图是使当前音乐立即中止。在种种目的性行动之外的非目的行动(non-teleological)背后的驱动力是某种无法主动察觉的潜在意向。Rosenblueth 等将这类意图可知但不在乎回报的行动和追求反馈的行动相区分,视为意图性行为的两种类型[93]。由于非目的性行动更适合作为隐式的体感输入(详见第四章),故不在本书的讨论范围之列。

2.3.1.2 形式-意义关系的构建

交互意图在产生之后,一方面会以操作、身体移动等行动形式传递出来;另一方面用特定形式传递意义的理据性也不是凭空出现的,而是有着结构、性质等方面的源域知识作为参照。交互意图是计划中将要发生的事件,主要包含事体和活动两个要素,其中事体是实在的、静态的、作为行为主体和被施加者的概念。双层节点映射模型[9]指出,事件认知的目标域和源域间的映射需要事体与活动的元素及其所有的特征有相似性上的联结,来完成从原型到新事物的衍生,这种映射必须保证事体和活动在组成结构上的前后一致。因此,自然交互手势至少要包括两组形式-意义关系:一组是手势本身的形式和手势语义之间的关系;另一组是这种关系在源域上的近似体,即交互意图和先在经验之间的关系。同时,手势的形式和源域中经验事件要素的表现相对应,而手势在交互意图上的语义和源域中交互效果的语义相对应。这两者的合并就构成了一组概念与知识在跨域和同层级间彼此参考、互相投射的关系,即手势的形式-意义关系(图 2-6)。

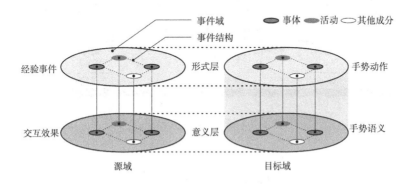

图 2-6　手势的形式-意义关系

　　概念隐喻理论指出,人类将一个概念和其他概念联系起来的方式主要有以下几种(图 2-7)。其一,对经验做出物质性描写,用指称、范畴化、量化、拟人等手段将经验看作物质实体,即本体隐喻。其二,用方位的概念去解释另一套概念系统,称为方位隐喻。其三,概念的构成成分可以被系统地转移到另一概念上去,即结构隐喻[34]。此外,还有用与本体有密切关联的概念或者是本体的成分和特征充当喻体,去替换和指代本体概念,即转喻。通过这些手段,可以将手势与其事件原型、行为与其意义一致的类比和推理结构串联起来。Fishkin 在研究实体交互界面(TUI)和现实域的关联时指出,TUI 中的数字元素、效果及其容许的交互行动都是物理世界的事物在数字世界的隐喻,它们有的是名词隐喻,有的是动词隐喻,有的是整个语句的隐喻[94]。图 2-6 中,在源域和目标域间以及形式层和意义层间起牵线搭桥作用的也是隐喻。Celentano 等把 TUI 的内在语义视为四个方面的事件语义相关联的整体(图 2-8),它们是目标、源、界面和效果[95]。与图 2-6 相对照可以发现,"目标"相当于可以清晰表述的交互意图,"源"相当于与该意图的事件结构和元素特征相似的愿望或打算,手势交互领域

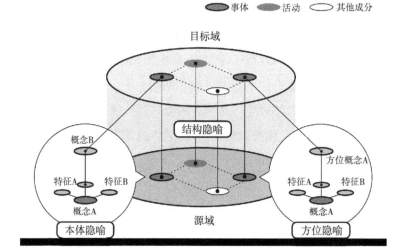

图 2-7　概念隐喻的三种模式

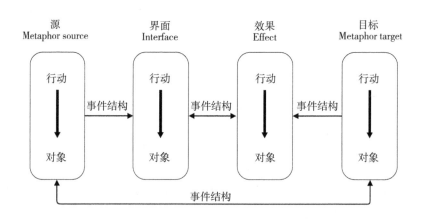

图 2-8　对事件结构的认知是交互关系的认知要素所共享的部分

的界面就是手势动作和搭载识别设备的硬件的统一体,而效果相当于意图的命题在满足后会发生的事态。在时间序列上,意图的语义一方面导向手势的形式层,另一方面与其他的类比语义(如交互效果)之间形成双向映射,最后同时和为实现意图原型所采取的行动事件相连。这四组隐喻关系的共同之处,在于它们两两之间所包含的事体和行动的组成结构是相通和前后继承的。每组隐喻之间事体与行动的属性可以互相比拟,行动对事体起作用的方式也会凝结成具有一定组织结构的心理意象。

通过对手势表意策略和形式-意义关系产生和构建的分析,笔者认为,手势启发实验中同一个任务的用户定义手势五花八门的原因有以下三点。第一,用户定义手势时所根据的语义既可能来自行动中意图,也可能来自先在意图,或者两者兼有。对不同意图语义的诠释会导致手势库成员内部差异的扩大。第二,由于用户的先在经验不同,其头脑中激活的形式-意义关系的原型或参照物也会因人而异。第三,用户会运用各自的表意策略来表达相同意义的手势,使其形式上难于统一。这些原因揭露了 1.1 节中提出的研究问题的第三点的成因,也是自然交互手势的定义和创新实践上的难点所在(图 2-9)。

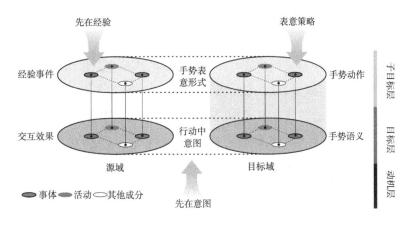

图 2-9　交互手势认知产生的框架与程序

2.3.2　手势形式-意义关系的用户先在知识基础

如图 2-9 所示,表意策略的采用和原型激活结果之所以存在多样性,主要原因之一是用户固有的先在知识的差别以及在一定情境下唤起先在知识水平的不同。先在知识是对人们在日常生活中获得的经验、观念、习惯和技能的统称,它的积累途径既有表征主义观所认为的用符号编码和表征外部世界的方式,也有涉身认知观宣称的具身体验。关于先在知识的来源,研究者们从不同的角度进行了探讨和论证,其中影响较大的有特纳(Turner)、拉斯姆森(Rasmussen)和布莱克勒(Blackler)等人的观点。研究先在知识的来源及其类型有利于设计者洞察用户在自定义和理解、识记手势时的思维过程,通过比较交互意图和它的形式层及其在源域的意义层来推断用户的心理活动。

虽然先在知识的研究较多来自设计符合使用者直觉交互的问题,但在研究者看来,实现直觉交互的前提仍然是用户已有知识和目标知识衔接的经济性,因而直觉的交互品质是自然交互在效率和情境适应性上的表现。Turner 认为,用户之所以能以更低的时间成本和认知负荷去处理某个交互任务,是因为完成它所需的目标知识对他们来说非常熟悉,或者是个体涉身知识的一部分[96]。按照 Raskin 的说法,熟悉(familiarity)堪称直觉性的同义词[97],是人们对先在知识反复地被运用和被外界刺激所引发的感受的概括。一件事从激发意图到决定行动再到执行动作至少会经历两个决策步骤,要使整个过程更加高效,首先行为者需有充分的经验和来自直觉的推断[94]去明确行动计划,然后要有足够的技巧和熟练度去完成行为操作。Turner 倾向于用梅洛·庞蒂(Merleau-Ponty)与德雷夫斯(Dreyfus)的哲学思想来阐述涉身知识对提高熟练程度的作用,他借用意向弧(Intentional Arc)的概念,认为知识和体验是在不断地对情境的诱因做出回应[98]中得到的。在有些状态下,知识不是以具体的可联想和记忆的形式表征在心智中,而是通过与环境的接触感知到的,重复行动后沉淀下来的感知、习惯与行动之间是一种耦合的关系(action-perception coupling)。

Rasmussen 提出的 S-R-K 模型认为,任务的完成与认知处理依赖于三类行为:基于技能的(skill-based)、基于惯例/规则的(rule-based)和基于知识的(knowledge-based)行为[99]。三类行为对有效信息的利用各不相同。当用户初次面临新的任务环境与条件时,必然缺乏相应的技巧知识(know-how),于是不得不借用已习得的知识去分析目标(analytical processing)[100]、理解对象的性质,而后生成计划并做出预判,在试错中深化认识。为了便于知识的检索、匹配和复用,行为中的相关信息和推理是以符号(symbol)的形式表记在用户头脑中的。在经过反复地依循知识的行为尝试后,用户会从成功的经验和同类情境中总结出一定的行为模式或规律并储存在脑海中(stored rule)。每当这种模式或规律再现,就给用户相应的征兆(signs),或者某种暗示和线索,提示他们遵循实证经验和惯例去激活预先配置好的行动。在基于惯例/规则这一行为层面,用户能感知到的是环境条件、系统状态或预期效果复现的征兆,接受输入信息和采取行动的因果关系是一种"如果……就"的形式。当用户运用技能去解决问题时,表明他们已经无须依靠编译或比对的方式去处理信息,而是能将碎片化的分析认识过程整合成动态的、连续的控制过程,对当前情况做出应激反应,是对任务高度熟悉的表现。概括而言,这三类行为分别对应着有意识的信息认知阶段、下意识的信息关联阶段、前馈与自动反应阶段。用户面临任务时,越有赖于显在地用知识表征来推理,说明他们越不熟悉任务。故而 S-R-K 模型较好地解释了从新手到熟手知识运用和聚合的机制,证明了先在知识的积累是符号转化和人境互动共同作用的结果。

不同于对知识运用的熟练过程的分析,Blackler 等的用户先在知识层级模型[101]关注的是先在知识的形成和运用。该模型认为,先在知识有四方面的来源,它们根据后天性由低到高排列,分别是天生的(innate)、感知运动的(sensori-motor)、文化的(cultural)和专业的(expertise),见图 2-10。天生的知识是那些有关本能反射的,属于人类生物性的范畴;感知运动的知识是知觉者对于自身运动能引起的外界刺激变化规律的认识,表现为从婴幼儿开始和世界互动时凭借感官知觉获得的直观概念,如压力、重力、空间关系、运动和实物的恒定特征集;文化的知识即用户所处和自幼浸淫的文化所蕴含的概念和行为准则;专业的知识是用户的职业和经常从事的活动所给予其的能力、特长或更高的熟悉度。此外,有关使用工具的知识横跨感知运动、文化和专业三个层级,是保证交互的自

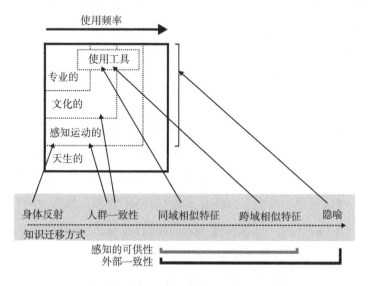

图 2-10　先在知识类型的两组连续体[101]

然性所需的重要的先在知识来源[102]。而越是高阶层的知识，它能启发新知识的范围就越狭窄。

用户先在知识层级模型和另一组概念连续体(先在知识的迁移方式)之间存在互动关系。由于文化隔阂和技能缺失的因素，一些用户几乎不具备来自某些渠道的先在知识，但是从迁移方式的角度来分类的话，可以避免后天经验对人的影响。这个模型将用户先在知识的迁移方式分为五类：身体反射(body reflectors)、人群一致性(population stereotypes)、同域相似特征、跨域相似特征和隐喻。身体反射是生物适应环境的本能，如握住杆状物。人群一致性指那些人类心理活动和认知模式共通的思想，以及社会约定俗成的知识和信念，如科学符号、可供性和意象图式。同域/跨域中的域指任务界面，它是处理任务时需要物理上接触和操纵的人造物系统，也就是说同域/跨域的知识离不开和使用工具有关的先在知识，如触屏和按钮界面属于同域，而它们与日用百货间的关系是跨域。隐喻则包括一切可以和当前知识相类比的概念，而不限于处理任务与使用产品。只要是心智成熟的正常用户，都能够运用这五种类型的先在知识去迎合目标知识的需求。同域/跨域相似特征和隐喻之间有外部连贯性(external consistency)，能保证认知结构在不同类型知识间的延续。在对应关系方面，人群一致性的来源是感知运动和文化层面；相似特征的来源是专业知识层面；而隐喻的来源可以是除天生知识以外的所有层面[101]。图 2-10 中，虚线箭头方向表示知识迁移的难度。

在先在知识层级模型中，越是迁移难度低的层级，知识内容被检索和编码的频率越高，这当中无意识情况下进行的知识提取和认知处理也越常见。由于感知运动层知识建立在对日常世界中行为和刺激表现间关系的深层化认知上，当人们遵循已有的技能和文化惯例去认识事物或是在思维上进行概念化活动时，往往要连带地运用并以这类内隐性知识为基础去实现这些目标。所以，感知运动层的知识激活频率不仅高于文化和技能层，还是更高层级知识的符号化表征所必不可少的先决条件。只有在感知运动层面，使用工具和感知环境的全部经验才能被结构化，来描述更加具体的知识和行为在认知上的共性。

O'Brien 等人提出的交互组织性框架描绘了先在知识是如何与从意图到行动的过程相互动的(图 2-11)。该框架把行动过程分为寻找目标(seeking

goals)、执行熟知的行为(performing well-learned activity)和决定下一步计划
(determining what to do next)三大模块[103]。头脑中的知识(即先在知识)左右
着行动过程中的决定,通过元认知的调节和检验机制,行动者可以反省和评估思
考的过程;行动又会受到从外部世界的知识中感知到的限制条件(如物理可供
性)的约束。反过来,行动过程有助于用户积累符号表征式的和涉身的先在知
识,同时不同的用户也能依照自身的知识储备和行动规划去利用可供性等限制
条件的不同方面,从而出现用户发掘出设计意图之外的使用方式的现象[104]。

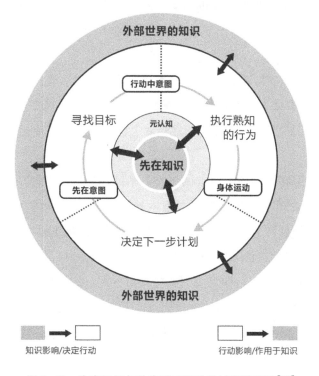

图 2-11 先在知识与从意图到行动的过程的互动[103]

2.3.3 影响手势形式-意义关系的情境因素

如图 2-9 所示,手势的使用情境是影响手势的语义与形式层的重要因素,它
会导致目的性行动意图的转变、手势表意策略的改变、连接形式-意义关系概念
结构的改变以及手部活动能力的不同,此外它还会诱发如表达性行为(expres-

sive behaviors)在内的非目的性行动。也就是说,情境不仅会影响用户激活和调用先在知识,还会带来不一样的外部知识与限制条件。分析手势的使用情境和对手势形式-意义关系的影响情况,有助于思考和解决 1.1 节中提出的第二点研究问题。

影响目的性行动的情境主要是那些迫使用户大幅度降低用于交互行为的注意力的情境。用户为了更快捷地实现先在意图,会直接替换行动本来所基于的语义,并采取更直截了当和运动轨迹更短的手势表达。而如果注意力条件更宽松,就没有改变和压缩行动程序的必要。同时处理多个任务以及突如其来的事件都会分散用于交互任务的注意力。以下是一个在有突发性事件时使用操作型手势的案例。

2017 年 2 月 26 日,北京八达岭野生动物园发生了一起自驾游客开窗引熊攻击的事件。目击者称事发车辆后车窗打开了一道缝隙,吸引了多只熊靠近并试图将爪子探入车内,此时车窗反而越开越大。幸得工作人员赶到,未造成人员伤亡。

此例当中,后座上的孩子原本试图关上车窗,但可能在情急之下,采取了相反的操作。常见的车窗玻璃升降开关有两种设计,一种是标有上下图标或文字的双按键,一种是靠向上拨和往下按来控制的单开关(向上通常代表关窗)。事例反映的问题是在紧急状况下,用户不一定会如往常一样激活因习惯于第二种设计而出现的行动中意图,即意识到要将车窗升起,而是会优先想要逃离危险,因此下意识地浮现出刺激-反应的心理意象,连忙去按下开关以求获得效果的回馈。这表明,交互的熟练是特定情境下意图、操作行为和先在知识间关系的巩固所致,一旦情境改变,由这种关系所组建的心理模型也会相应地变化。

无论交互是作为对突发事件的反应,还是在交互未完成时出现了意想不到的状况,用户都将面临多任务或者双任务的交互情境,既要接收来自这些事件的信息,同时又要给系统发布指令。Bakker 等认为,与多任务处理有关的活动有四种类型:主要活动(main activities),如烹调、手持淋浴头冲澡、打电脑游戏等需要长时间投入的活动;内驱的临时性副活动(internally triggered temporary side activities),如边吃饭边倒饮料等有目标意愿的、与主要活动的时间轴重叠的次要活动;外驱的临时性副活动(externally triggered temporary side activities)，它们是为了应对外部因素对感官的刺激而采取的与主要活动的时间轴重叠的次要活动；持续的副活动（ongoing side activities），指长时间伴随主要活动的次要活动，如边听歌边工作[105]。不同情境下，用户要从事的次要任务在类型上是不同的，有的耗时久投入的精力低，有的耗时短但必须优先解决。况且，如果进行主要活动与次要活动所需的知觉通道和身体部位相同，就会分摊同一认知线程的处理资源，使得完成效率较为低下[106]。例如，双眼同时观察两个焦点，手在操作物体的同时比画手势，等等。这意味着情境对某些交互手势的兼容度以及对用户体验的自然性都有着不可忽视的影响，在设计时需充分考虑相关的因素。

情境对自然交互手势的另一个影响，在于它会触发目的性行为之外的表达性行为。在马斯洛（Maslow）看来，表达性行为是行为主体自我展现的产物，它直接或间接地反映了行为主体的情绪、感受、认知和行为动机。交互行为属于处置性行为（coping behaviors），是为了满足需要的有明确目标的任务式行为和顺应环境的应对式行为。表达性行为可以伴随处置性行为产生，它本身也并非和自我表现之外的动机无关[107]。比如，排解（release）和宣泄（catharsis）[108]的行为，就是用情感表达的形式去填补现实中无法满足的需要。

一般情况下，表达性行为是情感的自然流露。Cross 等认为，表达性行为的产生起源于内外部信号的输入，触动潜在的情感类型，再生成相应的反应倾向（如产生情绪、引起生理反应或行动的前兆），其中的一部分被表达性行为可视化[109]，如兴奋时会睁大眼睛之类。在交互情境中，表达性行为的出现及其形式通常和交互目标的完成息息相关。Frijda 指出，情感是伴随那些与个人目标、动机或关切有密切联系的事件而产生的[110]。Hess 等也认为动机状态（motivational state）及意图是将要表现的情感的内在决定因素之一，意图和情感对可见的表达性行为有共同的影响[111]。当然，这种共同影响不是交织和同步发生的。Bagozzi 等提出，情感既会刺激目标导向的行为，也可能产生于行为的过程之中[112]。所以，交互手势的目标语义和动作形式不仅在一定程度上取决于当前情境下的用户情感，也会因情感在行动途中出现的波动而附带上新的表达性含义。

有表达性行为特征的交互手势或行为在日常生活中是很多见的，比如，握住手机快速地摇晃两三次以切换音乐;在菜单里的联系人信息上重重地按压,给此人发送紧急讯息;觉得 mp3 当前播放的乐曲太激烈,于是轻柔地抚摸产品的毛绒面以求切换到更舒缓的曲风,等等[113]。在情境的综合影响下,人们会采取自己最偏好或者觉得最方便和习惯的方式自由地和设备互动,使交互显得更有情感和意义上的表现力(expressive)[114]。情感因素会改变动作的一些性质,包括形态、幅度、速度和力度[115],以及重复次数和流畅性[116]。这些性质的改变在反映出特定情境下用户的心理活动对手势表达作用的同时,也可能是手势意义的原型发生变化的讯号。

2.3.4 交互手势认知的全要素模型

综合以上的分析和推论,可以得到关于人们在定义或理解交互手势时可能遵循的思考和认知过程的模型。它是一个三重作用机制所组成的有机整体(图 2-12)。

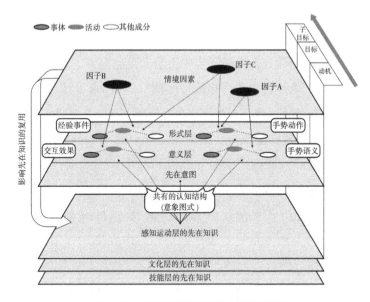

图 2-12 交互手势认知的全要素模型

第一,使用者清楚手势将要触发和实现的功能是什么,此时他们可能会用先在意图或行动中意图去替代功能的语义。一旦形成了包含事体和行动的事件语义,使用者为了从原型上考虑,为该语义赋予具体的参照物,会从记忆和过往经验中调取相似的事件和效果进行比喻。另外,他们把事件语义用手势表现出来,使意义层和形式层相连。如果使用者的演绎足够严密,这四组语义应该潜在地共享至少一个导致事件概念衍生的意象图式结构,它是使用者用以推导和直觉地理解手势含义心智模型的重要组成部分。

第二,在寻找原型和表现意义的过程中,使用者的先在知识起到了关键作用。一方面,使用者会根据人群一致性、相似特征和隐喻去寻找功能语义的原型。另一方面,在文化和技能层先在知识的表象下,是感知运动层的知识无意识地激活了事件结构,且将其作为事件语义不断衍生的基本框架。与此同时,外部的情境条件和情境知识是另一个影响语义的选择和先在知识复用的变量。正如勒温的行为理论所强调的,人的行为表现是其自身素质和在场的情境共同作用的结果,即 $B=f(P \times E)$,先在知识复用的内容及其形式也是由情境因子决定的。

第三,先在知识和情境变量还会共同影响功能语义的手势表达。使用者出于遵循惯例、减少身体负担、服从情境条件限制等的考虑,会采取不同的表意策略去包装和演示相应的语义,使得最终呈现出来的手势方案因人而异。在使用者回忆和猜测手势和功能的对应关系时,这套机制同样会起作用。

根据图 2-12 所示的模型的内部机制,可以假定意象图式是使用者自然地理解、回忆和使用交互手势所依靠的感知运动层面的具身知识,是不同的先在经验和新手势的联系在语义结构衍生上的共性。因此,意象图式能代表不同的通过事件语义的迁移将手势符号化的思维方式。本书研究的理论基础在于自然交互手势应当是将人们在尝试建立手势和任务间映射时,最有可能激活的意象图式以最简便易用的原则表达出来的形式。

2.4　意象图式的概念与特性

2.4.1　意象图式的概念与认知基础

意象图式是有关思考、理解和联想的认知过程中反复出现的结构,是对具身经验的结构化抽象。从字面上看,意象图式由意象和图式两个概念合并而成,意为图式化的意象。意象是事物的形象在头脑中的想象。假设向受试者展示一些图片,再要求他们回忆图片的形象内容,受试者能凭借记忆勾勒出图片的轮廓和画面的其他细节,这是一种有意识唤起的、令场景再现的意象[117]。在诗歌领域,评论者也常谈到意象。根据文字描述,鉴赏者脑海里浮现的画面就是诗歌所承载的意象,它是鉴赏者主观上构造出的原型形象,代表了其对文字所对应的事物的所有形态的综合认知。Lakoff 认为,这种意象属于传统概念上的意象(conventional image)[117],它有丰富的图形细节,本质上仍然是视觉内容的表征。例如,一朵花的意象产生后,人们会想到花瓣的娇艳、花蕊的纤细、露珠的晶亮甚至花朵淡淡的幽香。当剥离掉意象的视觉内容中色彩、材质、外形等特征,只保留运动特征时,人们又会想到花朵的低垂或者花迎风摇曳的姿态。认知语言学家发现,人们对事物空间运动的理解呈现出一定的规律,这些规律来自对观察到的客观对象的运行和意识所及的身体运动等无数事件动态结构的高度概括。所谓动态结构,指的是运动的主体和相关物相互作用的关系,而不是速度、势能等物理上的性质。在人们的日常活动和与世界的互动中,这些规律逐渐沉淀下来,形成高度抽象的模拟表征和固定的认知结构,存储在感知运动知识层面。这些反复出现的动态模式表现为图式化的意象,被人们潜意识地用于理解有类似的空间和运动关系的事物,这就是意象图式假说。

意象图式理论认为,身体经验对空间运动(spatial movement)的感知是意象图式的直接来源,我们的联想、类比、推理和概念化所需的认知结构,几乎都是意象图式所表现的空间关系的映射。换言之,对现实空间运动的经验是组成一切抽象概念的基石。以植物为例,人们观察到花朵、麦穗的低垂,以及无数其他类似的较重的物体更难以被支撑的现象,渐渐形成了"重的物体在下,轻的物体在上"的意象。用意象图式来表达,就是 HEAVY IS DOWN。"成熟的人更加谦逊"的隐喻正好应用了这一结构,把 HEAVY 和 DOWN 分别置换成"成熟"和"谦逊"的概念。而花在风中摇曳生姿,以及风拂动柳枝、吹散落叶,都蕴含了"物体在外力作用之下发生位移"的空间运动特征。我们对很多习以为常的概念的认识,如因果关系,其实质都是受力物体发生位移的空间意象的再反映。Jackendoff 的"主题关系假设"理论就提出所有的语义场都有类似于空间的组织结构,而"所有""事件""状态""存在"等语义域都是对空间进行概念化的结果[118]。不仅在语义方面,空间结构拓扑化所形成的意象图式甚至参与了语言中句型和句法的构建,这就是 Lakoff 形式空间化假设的核心观点。所以说,人们理解意义和推理所需的概念化的基础其实是从拓扑空间到空间隐喻的认知延伸。

实证研究表明,意象图式认知出现在婴幼儿语言能力诞生之前,是其构建概念所必不可少的原语(conceptual primitive)。Mandler 认为,婴儿期的人类在留意周边环境时,首先关注到的是物体运动的现象,对动态的事物感兴趣,这就使得一些非命题性的表征,如生命体、无生命体、动体(agency)、轨迹(path)、包含(containment)等在反复出现和被体验后凝结成前概念结构[119]。这些结构大致涵盖了三个方面:运动中的物体(objects in motion)、遮挡与容纳(occlusion and containment)、目标与路径(goal and paths)[120]。Mandler 还指出,婴幼儿在意象图式认知上的启发和更新是一个循序渐进的过程。婴儿最开始只对物体的隐没和出现有反应,慢慢地能意识到物体的运动路线、停止点和自运动(self-motion)能力[120]。笔者曾对幼儿园大班儿童关于声音传播原理的认识开展过访谈性质的研究,让 5～6 岁的幼儿解释声音在空气中和从密闭空间向外传播的物理现象。结果发现,儿童完全是在用实体物的运动规律解释声音在不同条件下的传播[121-122],认为它的传递路线是单向的、射线式的,会中途偏转或分流进入不同听者的耳中;也会从肉眼看不见的缝隙中钻出,故而用物体将声源遮挡住并不能保证声音被彻底隔绝(图 2-13)。由此可知,儿童对“传播”概念的理解建立在物体从起点出发经由路径到达终点的意象图式的基础上。在无法认识到声音本质的阶段,他们自觉地用类比的方式去理解抽象的内容,凡是实验结果表明能听到声音,就千方百计地为基于路径(PATH)图式的解释理论寻找理由。

路径、终点、边界等前概念是组成更完整和更复杂意象图式的结构要素,保证了这些意象图式的拓扑性质,同时又是意象图式的最基本形式。例如,一道闭环的边界从开放空间中分割出一个封闭空间,有物体处于其中,这叫作容器图式(CONTAINER)。当人们脑海中显现出边界的概念时,边界本身的形状是不固定的,它只是包含和被包含关系中不可或缺的结构。好比把钱放进口袋,或者将文件上传到云盘,不同事例下边界的形式既可以是三维的,也可以是虚拟的。物体间的作用力是意象图式的另一个重要组成成分。Vandeloise 发现,控制作用是容器图式和支持图式(图 2-14)的认知基础,两者的差别在于容器对包含物的牵制是全方位的,而支撑体对被支撑物的作用力是垂直向的。当边界和包含物

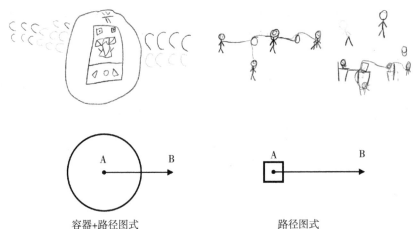

容器+路径图式

上方的儿童画表明，儿童相信用铁皮盖住的手机发出的声音仍然可以听到，是因为声音从小缝隙中钻出。

路径图式

有儿童认为声音传播是点到点的，并用他们可直观观察到的移动现象来解释声音传播。

图 2-13　儿童使用意象图式思维理解声音传播的原理

之间的空间变得狭窄，两者彼此冲突和产生相互作用的可能性就越大；当被支撑物是通过中介物附着在支撑体上时，支撑体就不再是作用力的主体[123]。因此，随着新成分的加入，意象图式原有的内在结构会发生改变。表 2-3 描述了六种意象图式的结构要素，分别是实体(entity)、方位、复数、边界、作用力和路径。

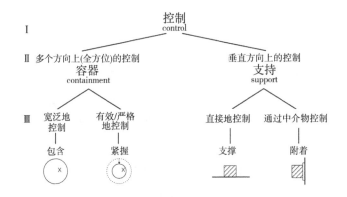

图 2-14　控制作用是容器和支持两种意象图式的认知基础

在这些要素的作用下，人们普遍拥有了用这类最基本的知觉和空间结构进行概念化处理的能力，这种概念化表现在语言上，就是对抽象事物的描述、理解和词汇的引申义及其无所不在的隐喻特征。例如，我们说"坠入爱河"，就是在用

"进入边界"的认知结构去模拟恋爱时精神状态的某一项突显的特征。因此,意象图式在充当了隐喻的映射结构的同时,也指明了说话者在语义的包装和认知上的特定模式。

表 2-3　意象图式的结构要素

结构要素	内涵与性质	代表图式
实体	表示存在。任何能被独立区分的概念由于其存在,都有着在认知结构层面被看作实体的可能,实体必然有本体或运动上的性质	物质(OBJECT)
方位	用空间感知表示存在的形式。由于实体物在本体或运动上的性质不是绝对独立存在的,而是通过反向性质和参照物突显的,所以用方位概念认识世界的情况是极其普遍的	左-右(LEFT-RIGHT)
		上-下(UP-DOWN)
		内-外(IN-OUT)
复数	表示多个存在物之间性质或运动上的关系	连接(LINK)
边界	表示范畴。作用力有时间上的终点,路径有距离上的终点,它们都能被视为具有多个要素的范畴	容器(CONTAINER)
		面(SURFACE)
作用力	表示因果。因果认识源自无数次对物体受力运动的实践与观察。作用力不仅有源头和着力点的间距,也会令受力物体移动,这都牵涉到路径的概念	推力(COMPULSION)
		平衡(BALANCE)
		吸引力(ATTRACTION)
路径	表示过程。一切行动都有耗时,也就有起点、历程和终点,所以路径是非常基础的认知图式	路径(PATH)

根据意象图式假说,意象图式是人类用具体的、熟悉的事物去认识抽象的、陌生的事物,进行类比思维的有力武器,具有跨人群、跨文化的包容性。但是不同的语言用以表达相同意象图式的词汇和句法往往是不一样的。例如,西班牙语的前置词 en 覆盖了英语介词 in 和 on 的几种用法,体现出更明显的意象图式的多样性[122];而一些非印欧语言不使用单独的介词,如朝鲜语的놓다(放在)、넣다(放进)和끼이다(塞进)三个动词强调了容器图式中被包含物和边界的间距,而这种强调并不存在于英语之中[124]。由于意象图式理论的提出和英语的表述

习惯、思维方式有着紧密的联系,英语的介词成为诠释意象图式含义的重要窗口。有代表性的研究,如[125]等,当中研究者的分析过程对于识解汉语词句中的意象图式也有借鉴意义。

2.4.2　意象图式的分类

Johnson 在 *The body in the mind：The bodily basis of meaning，imagination，and readon* 一书中论及了大约三十个意象图式,并详细解释了十几个图式的内涵、图示(diagram)与应用范例[11]。随着后续研究的不断深入,大部分意象图式都得到了内涵和应用上的双重诠释,为识别和辨析语言、图像和认知概念中蕴含的意象图式提供了理论基础。德国学者霍提恩(Hurtienne)等在研究将意象图式运用于交互界面隐喻的构建时,将常用的意象图式分成七大类[126]。笔者参照霍提恩的分类,根据结构要素重新划分了意象图式的构成类型。每一类的意象图式成员要么突出反映了相应的结构要素,要么就是多种结构要素的综合体。此外,有些意象图式具有语域的位置性质,只表示程度的连续或等级(gradable)变化[127],故单列为一类,见表 2-4。

表 2-4　意象图式的分类[126]

类型	结构要素	意象图式
BASIC	实体	SUBSTANCE, OBJECT
ORIENTATION	方位	UP-DOWN, LEFT-RIGHT, NEAR-FAR, FRONT-BACK, CENTER-PERIPHERY
MULTIPLICITY	复数	MERGING, COLLECTION, SPLITTING, LINK, MATCHING, PART-WHOLE, CONTACT, MASS-COUNT
CONTAINMENT	边界	CONTAINER, IN-OUT, FULL-EMPTY, SURFACE
PROCESS	路径	ITERATION, CYCLE, PATH, SCALE
FORCE	作用力	SELF-MOTION, DIVERSION, COUNTERFORCE, RESISTENCE, SUPPORT, ATTRACTION, COMPULSION, BLOCKAGE, BALANCE, ENABLEMENT, MOMENTUM, RESTRAINT REMOVAL
ATTRIBUTE	程度	HEAVY-LIGHT, BIG-SMALL, FAST-SLOW, WARM-COLD, STRONG-WEAK, DARK-BRIGHT, SMOOTH-ROUGH, STRAIGHT

类型 Ⅰ 是基本(basic)图式,包括物质(SUBSTANCE)和物体(OBJECT)两种意象图式。物质具有粒子性,和物体相比,在人们的感知经验中更加弱实体化。物质是一种普遍的存在,它虽然具有施事者和受事者的特性,但是在图像上的表现更加多样化,不像物体有着明确的外轮廓、一定的质量与整体上的可移动性。同样作为要用名词代指的实体,物质更多地带有一种区域性存在的感觉,而物体则更多地给人一种孤立、可数、有主动性的印象。

类型 Ⅱ 被称作方位(orientation)图式。它们是由三维坐标轴衍生而来的对空间位置的感知,方位隐喻跨域映射的结构恒定性完全依靠方位图式的存在。方位图式中内涵最丰富也是被分析得最多的是上-下(UP-DOWN)图式。人们对很多非空间概念的认识与理解都要靠反复地激活上-下图式,如数量、品质、档次、力量对比、评价、情绪高低,等等[126]。上-下图式来自对现实中物体量的聚集与其整体高度成正比关系的认识,人们往往会用空间上的高低关系来衡量概念在某一维度的量的消长。左-右(LEFT-RIGHT)、前-后(FRONT-BACK)两组图式均更多地受到相对和内在的空间参照系的影响。人们既会以自身所处的位置为参照点去判断空间物体的方位,也会以标识物为参照[128]。而由于文化、技能差异,相对参照系下的左右和前后被人们赋予的概念含义会各不相同,甚至南辕北辙。例如,中美洲 Mopan 语就只有相邻概念,没有左右概念[129]。而书写习惯和惯用手的不同也会导致截然相反的用左右、前后去理解时间轴、正负性和数量的方式。另一个重要的方位图式是中心-边缘(CENTER-PERIPHERY)[图 2-15(a)]。它来源于人们对观察到的客体和自身感觉器官的物理距离,以及对注意力焦点和非焦点的距离关系的感知,这种感知能被投射到客观或心理世界的对象上去[130],并从中衍生出近-远(NEAR-FAR)的概念[11]。

类型 Ⅲ 是多重性(multiplicity)图式,即表达多个实体间互动产生的关系的图式。多个实体的互动关系又分为两种,一是属性上的关系,二是空间运动的关系。部分-整体(PART-WHOLE)图式反映的是两个或多个概念化的实体,其中某一个实体是其他实体的集合体,相应地其他实体构成它的组件或成分。表达空间运动关系的意象图式主要有连接(LINK)和接触(CONTACT)。连接表示实体间互相牵制、归属、互相影响的关系[图 2-15(b)],而接触缺少连接图式中代表纽带的连线结构,故而弱化了"联系"的意味,更强调实体间空间上的邻近和

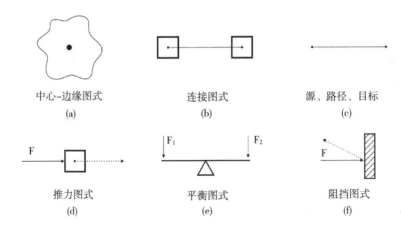

中心-边缘图式　　　　　　连接图式　　　　　　源、路径、目标
(a)　　　　　　　　　　　(b)　　　　　　　　　(c)

推力图式　　　　　　　　平衡图式　　　　　　阻挡图式
(d)　　　　　　　　　　　(e)　　　　　　　　　(f)

图 2-15　几种意象图式及其图示

交流关系的加强之间的语义相似性。Santibánez 的分类法指出多重性图式的结构是物体图式所决定的,它们几乎都体现了部分-整体的属性关系[131]。

类型 Ⅳ 是包含(containment)图式。除了前面提到的容器图式外,还有着重表示容器的包含物大小的满-空(FULL-EMPTY)图式,它突显了包含物和边界的间距。另外,如果容器的边界被填充的话,就形成一个表面(SURFACE),它可以承载实体或者与实体相接触。另外,当说话者的视焦放在被包含物由于移动而跨过了容器的边界,发生了方位改变时,容器图式便衍生出方位特征,出现了内/外的概念,这种视角下的突显图式是内-外(IN-OUT)图式。

类型 Ⅴ 是过程(process)图式。其基本特征是由起点、终点和连接二者的路径(SOURCE-PATH-GOAL)组成的简单结构[图 2-15(c)]。路径本身有方向性,它是对活动过程的一种抽象的、开放式的描述,能表示目标的达成和状态的变化。此外,路径作为实体移动的点的连续轨迹,多个路径的结合可被看作是离散变量的递增。这种递增的方向性则赋予了一些意象图式以特殊的意义。例如,量级(SCALE)图式表示的是事物向上下(度量)/好坏(性质)两个方向的层级变化[11],路径的终点和起点重叠是为循环(CYCLE),迭代(ITERATION)则是循环结构和量级图式结合的产物。

类型 Ⅵ 是动力(force)图式。它包含了所有与实体产生、接受、干预作用力有关的意象图式。动力图式的基本结构要素是作用力,如果有受力对象存在,它会使对象有各种受影响的可能,从而构成推力(COMPULSION)图式[图 2-15(d)]。总体上,动力图式背后的具身经验是对力学领域物理现象的观察。它们可以反映与导致的结果及其动因(causative)有关的概念[132]。此类型中有代表性的图式是平衡(BALANCE)[图 2-15(e)]和阻挡(BLOCKAGE)图式[图 2-15(f)],分别表示两种作用力关系的均衡、对向特征与实体阻止了作用力继续朝同一方向延展的动态结构。

最后一类意象图式 VII 统称为属性(attribute)图式。和上述基于空间概念的"经验的格式塔"相比,属性类的图式抽象自对物体、物质的可被感官处理的性质的反复感知与体验。这些性质包括尺寸、质量、温度、密度、动能、触感、明度等多个方面,人们通常会用它们构建本体隐喻,去形象地描绘事物或经验与这些性质的内在关联。

以上是对意象图式类型和代表性图式的概述,更多的意象图式定义请参见附录 B,此处不再赘述。

2.4.3　意象图式的特性

意象图式作为感知运动经验的结构化模拟,还具有以下几点重要的特性。论述这些特性有助于更好地理解意象图式的存在,并运用它们去组织经验、发现概念的相似特征。

(1) 意象图式的正负性。Krzeszowski 指出,意象图式在被用来表达隐喻意义时,会同时呈现出正面的、积极的和负面的、消极的含义[133]。这种正负性根据意象图式类型的不同体现出三种形式。首先,方位和属性图式隐含的空间经验是量的积累。当这种积累有绝对的方向性(沿横轴/纵轴扩展)时,人们会很容易把量的增加看作更好的、更可取的,把减少看作更坏、更负面的结果,从而形成一个正面/负面意义的评价量表(axis of positive-negative)。比如,更大、更重、更坚韧、更热等现象往往和正面的评价、概念相对应。同理,人们会更明显地感觉到"中心"语义上的积极意义,而更多地赋予"边缘"消极的意义。其次,结构要素中路径和作用力的存在与意象图式的正负性有关。比如,双盘平衡(TWIN-PAN BALANCE)图式的某一端受到一个向上拉伸的力,天平两端就会失去平衡,转变成不平衡图式。同样地,迂回的连接也比不上直接的连接。最后,意象图式本身是客观的,但其所依存的概念、事件、经验对人而言却有着截然不同的意义。例如,人们既会用容器图式去类比家、港湾、安全的概念,也会用它去理解囚笼、限制的概念[133]。所以说,边界作为图式的结构要素,自身也存在正负性。

（2）大部分意象图式既可以表示状态,又可以表示过程。对于同一个意象图式,表状态时称为静态图式,表过程时称为动态图式[134]。这就好比静态帧和动图,后者展示了事件和活动的全过程,但前者展示了事件和活动固有的或者在某一阶段的状态。例如,当人们从 A 点移动到 B 点时,是在经历这段路径,而两点间的这段距离是路径图式的静态形式,人们可以把一个具有路径特征的对象看作是连接两点的道路,从而激活路径图式[14]。反之,容器图式通常是以其静态的形式出现。当然,人们也可以激活它的动态形式,即形成容器的过程。由于静态-动态双重性的存在,意象图式能更广泛地起到认知结构和思维载体的作用。

（3）意象图式的转变（image schema transformation）。在激活路径图式时,人们的注意焦点会沿着抽象的路径线转移,Lakoff 把这种情况叫作意象图式的转变[117]。他指出转变的四种类型,分别是 path-focus-to-endpoint-focus（注意焦点跟随物体移动,最后集中于停止的地方）,多丛（multiplex）-团块（mass）（注意焦点在一个整体和从它那里分裂出的部分之间转换）,零维射体-一维射体（注意焦点从脑海中想象的移动轨迹转到客观实体的移动轨迹）,非反身（nonreflexive）-反身（reflexive）（注意焦点在轨迹终点停留后,终点变成下一段轨迹的起点,而注意也随之转移）。在分析路径图式的各种变体时,意象图式的转变可作为有益的参考。

（4）意象图式能彼此组合和嵌套,由基本的结构要素发展出更复杂的动态模式。在感知客观对象和概念化过程中,往往会连续或并行地激活一系列意象图式。例如,想象一个人在旅途中遇到一座山,他必须翻过山才能继续前进（路径图式）,此时山对于前进路线而言是阻挡图式的表现。在他登上峰顶后又要下坡,于是这里出现了上-下图式。而当他越过这座山回到平地后,这段路途又是平衡图式的反映,象征了一种得失相抵、兴亡盛衰[图 2-16（a）]。意象图式的组合中最典型的一种是容器与路径图式的组合。举一个普遍性的例子,如走进房间,就是对起点或终点位于容器内部的路径图式的例示（instantiation）。意象图式的嵌套指一个更复杂的图式是由多个相同图式所构成的现象[图 2-16（b）]。

举例来说,量级图式是路径图式不断地朝上下方向的叠加和延伸,表示事物的属性或位置发生了非连续性的变化。至于识解对象中是否出现了意象图式的组合和嵌套,在认知解释时要根据具体形势来判断。

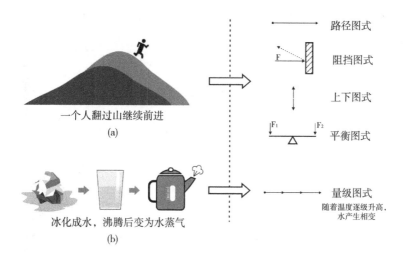

一个人翻过山继续前进
(a)

冰化成水,沸腾后变为水蒸气
(b)

路径图式

阻挡图式

上下图式

平衡图式

量级图式
随着温度逐级升高,
水产生相变

图 2-16　意象图式的组合与嵌套

2.4.4　意象图式与隐喻

2.4.4.1　意象图式作为隐喻的映射结构

概念隐喻理论认为,源域的意象图式向目标域映射保证了两域之间稳定的、系统的关联,产生了很多人们习以为常的隐喻。概念隐喻中,意象图式结构的映射分为两种情况:一种是在相似性推断的引导下,源域的主要特征被结构化地映射到目标域中,形成特征的一一对应。在意象图式不变的前提下,不同域当中实体与实体关系的组织形式不会改变。例如,把列车开进山洞比作钻进被子,这两个概念域共享了"实体＋容器＋路径"的意象图式组合,是比较典型的管道隐喻(conduit metaphor)[图 2-17(a)]。由于结构的一致性,后者属于理解前者所需的事件原型,后者对主语、谓语和其他语素在结构中的位置以及特征描述都能和前者彼此对应。另一种是根据目标域的中心语义,自发地选择和目标域相容的源域结构特征。如把理论比作建筑,就是强调了建筑概念的架构、产生过程、复杂性等特征和理论概念的构成特征高度吻合，并抛弃了"建筑"中那些和"理论"的内涵无关的特征。此时，源域和目标域的映射要依靠每一组特征所共有的意象图式结构。比如，我们很容易发现，建筑是在地基上修建起来的，理论也是由浅及深、不断完善的，这两种概念特征都反映了支持＋量级图式［图 2-17(b)］。

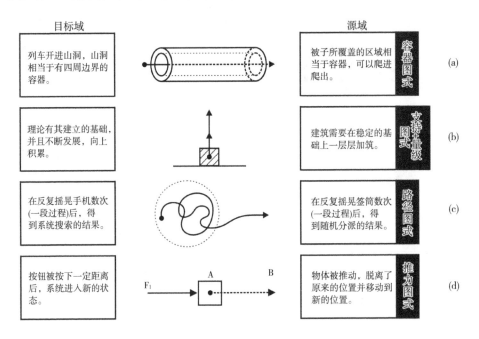

图 2-17　意象图式充当隐喻的映射结构的示例

　　通过以上两种方式，人们不仅能建立起语言方面的概念隐喻，也能在设计领域建立和解读交互隐喻，当然，对交互隐喻的理解还是要回归到语言的载体上。在意象图式充当映射结构的交互隐喻中，有的是设计者新创的，有的则是无意识形成的并且保留下来再逐渐演化的自然隐喻。例如，对比微信摇一摇——随机挑出交互内容和摇签筒——抽签两组事件可知，二者的句子成分是在通过意象图式结构完整地遥相呼应［图 2-17(c)］。而按按钮这个看似平凡的小动作，实际上蕴含着内在的意象图式认知［图 2-17(d)］。Turner 指出，人们通常会用位置和实体去理解"状态"的概念[135]。按按钮的过程可被看作受力的实体离开固定位置(容器)的过程，由于实体进入了新的空间(状态)，预示着系统也将更改当前的运行模式。

　　概念融合理论是为了弥补概念隐喻的恒定性原则在解释映射关系不明显的隐喻时的不足而提出的有关隐喻机制的假说。融合理论用输入空间 1 和 2 取代了源域和目标域的称谓，认为两个输入空间在和类属空间两两映射的同时，选择性地将某些属性投射到整合空间，产生突现的层创结构。这四个心智空间都是为了特定情境下的概念理解和行动目的而临时搭建的小概念包。和 CMT 相比，概念融合要解决的是通过多个心理空间的多重映射创建新奇的、短暂的概念化现象的问题[136]。Fauconnier 把空间映射分为三种，图式映射是其中之一。Hedblom 等认为，意象图式存在于类属空间，是构建类属空间的优先成分，决定了输入空间共有的部分抽象结构和特征[137]。以容器图式为例，母亲和飞船两个概念都含有某种容器的性质。母亲能孕育子女，飞船能搭载乘客，母亲和飞船相对于所包含的对象而言都是一种"容器"（图 2-18）。在整合空间，人们创造出"母舰"的概念，实质上是继承了以上三个空间的容器图式结构[138]。

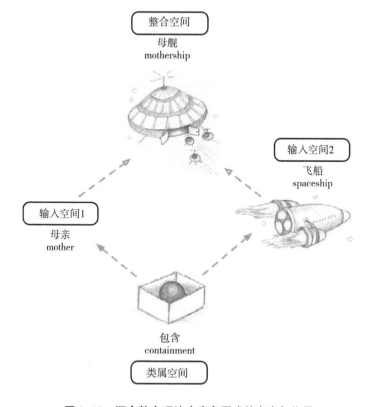

图 2-18　概念整合理论中意象图式的存在与作用

　　然而，并不是所有的类属空间都有可以完整地投射到整合空间的意象图式结构。Klopper 列举了概念整合时会共同出现的一些意象图式结构[139]，但这些分类与广为接受的意象图式概念和类型并不一致。在经典的"The surgeon is a butcher"隐喻中，两个输入空间都含有"一个人用工具对活物执行某种处理"这一结构。然而，导致"医生类似屠夫"的真正理由，其实是说话人认为医生技能拙劣，用粗鲁的手法完成本来需要精细操作的手术。所以在这个隐喻背后，两个输入空间各自只投射了一部分意象图式结构到整合空间。Markussen 等把这种状况称作意象图式的冲突（image-schematic tension）[140]，当输入空间的意象图式不完全一致时，只有有选择地投射图式结构并重新组合，才能在其基础上产生新的隐喻意义[141]。

2.4.4.2　意象图式作为隐喻的源域

　　意象图式不仅能充当概念隐喻的映射结构，也能直接作为喻体去描述事物，让两者间建立概念上的关联，从而组建一系列的基本隐喻。基本隐喻的直接来源是源域和目标域因为长期和反复的同时概念化而发生的混合现象（conflation），它使得人们的感知运动经验和某种主观体验之间形成了强制性的配对[142]。Grady 相信基本隐喻是一种原子隐喻，是更为复杂的隐喻的组件。而意象图式是感知运动经验中抽象出的动态模式，它可以将感知运动经验加以普遍化和结构化，让人们从主观上进一步感受到其与特定概念之间的紧密联系。

　　将意象图式与特定语境下的抽象概念相联系，用它来指示概念在语境中突显的特征的思维方式，叫作意象图式隐喻（image-schematic metaphor）[143]。例如，面对川流不息的车辆时，想到高音等于快，低音等于慢（FAST-SLOW）；而谈到昆虫翅膀振动发声的问题时，越小的昆虫振翅声音越高（BIG-SMALL）。在量的增加＝堆积高度增加的感知运动经验作用下，人们自然会使用 MORE IS UP 的隐喻；如果头脑中激活的是树木根部更粗壮、塔基比塔尖更粗大之类的经验，MORE 的概念就要和 DOWN 相提并论了。可见，意象图式隐喻的搭配和概念、语境都有密切关系。而在语境明确和固定的情况下，人们产生的意象图式联想往往也是趋同的。比如，类别是容器，帮助是支持，控制是上方/被控制是下方、熟悉是近/陌生是远等隐喻的源和目标概念的关系就比较稳定。由于这些隐喻的目标域本身是有明确定义的,属于被修饰词的概念,它们的语义不容易受到语境和句法的影响,能被赋予一些既定的意象图式联想。通过回顾和检索过往研究基本隐喻的语言学文献,可以寻找到为数众多的类似的意象图式隐喻(表 2-5)。而对于那些在开放式交谈时使用的自然语言当中的概念,要挖掘它们运用背后的意象图式隐喻,则需要在文献辅助的基础上,凭借第三者对图式内涵及应用范围的了解,根据对话语认知意象的体会做出主观判断。

表 2-5　有代表性的基本隐喻示例[36]

类型	基本隐喻	注释
时空关系	类别是容器 CATEGORIES ARE CONTAINERS	同类物体常被放置在一起,在空间上形成一个边界清晰的区域
	相似是靠近 SIMILARITY IS PROXIMITY	相似的事物容易被主观上放在一起比较,所以显得彼此靠近
量与程度	量是垂直方向上的高度 MORE IS UP	截面积不变的情况下,物质的堆积导致高度的抬升
时间与行动	手段是途径 MEANS ARE PATHS	目标是终点,手段/方式是通向终点的道路
	状态是位置 STATES ARE LOCATIONS	改变是运动,状态改变相当于所处位置的变化,如当人们走到树荫下就感觉凉爽
	环境是流体 CIRCUMSTANCES ARE FLUID	环境是对周边事物的总体概括,它容易被看作无处不在、有厚度分布的事物
	活动强度是热度 INTENSITY OF ACTIVITY IS HEAT	运动过后人们会感觉燥热,另外快速的摩擦运动会带来更多热量
效果、评价与社交关系	影响是滋润 AFFECT IS MOISTURE	水会浸湿和沾染事物,相当于影响和接触了事物
	重要是中心 IMPORTANT IS CENTRAL	容器令内部的容纳物有安全感,距离边界越远的事物安全感越强
	坏的是臭的 BAD IS STINKY	腐败物滋生臭味,两者有天然的逻辑联系

(续表)

类型	基本隐喻	注释
思想与知觉	理解是把握 UNDERSTANDING IS GRASPING	理解后的信息能被个体在理解的基础上处理和运用，类似于把握住具体的事物
	可感知是上方 ACCESSIBLE TO PERCEPTION IS UP	升至水平面以上的物体才能被观察到，反之则不能，所以人们会说"提出"看法、观点

标准的意象图式隐喻只是基本隐喻的一种形式。在 Grady 所提出的基本隐喻案例中，也有很多并非用意象图式去诠释目标域内容的例子。比如，(1)KNOWING IS SEEING 和(2)SEEING IS TOUCHING 两个隐喻，表面上看不涉及意象图式思维。然而还原认知意象的话，不难发现，这两组隐喻的使用还是无意识地激活了某些意象图式。在例(1)中，seeing 是一种知觉活动，"看到"的前提是光线"进入"了眼睛这个"容器"，这相当于知识被大脑接受和储存的过程。从另一个角度看，"看到"是有意识采取的主观行动，是视觉焦点集中到某个人或者物之上的结果。人们会用"接触"的思维去看待视觉焦点搜索、集中、停留的过程，也就有了"目光所及"这样的修辞句。所以说，基本隐喻仍然保留了概念隐喻的一些形成机制，只不过因为它们出现得极其频繁、涉及的感知运动经验极其普遍，目标域和意象图式的联系不总是很显著。通过合理的分析解释，依然能够从那些未明确地把意象图式作为源域的隐喻中识别出完整的意象图式或某些结构要素。

2.5 意象图式的识别与表现

以上对意象图式的定义、类型、特性及其对隐喻机制贡献的分析表明，意象图式作为一种前语言结构，是人们从长期与外部世界的互动中抽象出来的、反复出现的感知运动层面的心理表征，也是组织经验、进行类比推理必不可少的工具。因此，意象图式理论有非常重要的应用潜力，能充作认知的表记或代号，显示出熟悉的、具体的、现实域的知识是如何顺利迁移到陌生的、抽象的、数字域的知识体系上的。目前，已经有一定数量的研究试图引入意象图式理论解决设计问题。它们的工作主要围绕三点展开：第一，如何从行动、对话和访谈中提取用户/设计者所激活的意象图式，以便了解其当前的需求、认知或意图；第二，用户会用何种意象图式去理解造型语义、产品使用方式与交互界面；第三，如何将用户的需求、认知或意图背后的意象图式合理的视觉化，从而降低用户的认知负荷并提高通用性。

2.5.1　意象图式的识别和表现在设计中的应用

本节从上文提到的三个要点出发，分析现有把意象图式理论应用于设计研究的文献。这些文献涉及的设计领域和问题是多方面的，包括图形界面、实体用户界面、设计造型、工业产品的界面与交互、手势交互等几大类。

自从个人电脑图形界面兴起，研究者就注意到桌面隐喻（desktop metaphor）中意象图式的存在。所谓桌面隐喻，就是显示界面的交互元素和用户的交互操作直观地影射现实中类似的概念与行为。根据 Kuhn 等的观点，显示窗口和视野其实是一组隐喻关系，它们之间的特征相似性由四个意象图式构成。其中，有边界的视野是容器图式，视野范围的缩放和中心-边缘、部分-整体以及近-远图式有关[144]。笔者从我们熟悉的 GUI 的交互要素中总结出四种意象图式隐喻。

（1）WINDOWS AND MENUS ARE CONTAINERS。容器隐喻的经验来源是边界构筑的封闭区域，时间、状态、视野等均可被喻为容器。用户操作视窗、菜单的过程就好比依次进入建筑、选择房间和储藏柜，在嵌套或并行的"容器"间穿梭获取信息的过程。

（2）COMMANDS ARE FORCES。向系统发出的任何指令都和动力图式有概念上的关联，好比现实当中作用力会造成一定的影响或后果，如点击打开、确定等操作。

（3）信息的迁移是 SOURCE-PATH-GOAL。以复制/粘贴的操作为例，它表现为数据信息从起点经抽象的路径到达终点。事实上，PATH 是最广泛存在的意象图式之一，对事物的轨迹式运行有普遍的解释力。

（4）事物状态的渐进式改变是 SCALE。它脱胎于 PATH 图式和对量的经验，因而具有方向性、阶段性和常态性[11]。举例来说，滚动条、进度条、幻灯页码、屏幕的亮暗度都是 SCALE 的反映。这些例子的共同点在于，程度的变化在人的经验模型中表现为量级的递增/递减。

图形界面的隐喻人们都非常熟悉,是惯例型、技能型知识的一部分。然而,如何了解用户的预期和需求以便向其提供适当的信息内容与组织交互方式,则是用户研究的重要环节。对此,霍提恩(Hurtienne)和洛弗勒(Löffler)提出,可以通过提取用户访谈陈述的句子当中的意象图式,令其作为连接用户与交互界面认知上的中介物的方式去应对这一问题。他们采取的设计过程分为以下四个阶段(图 2-19)[45,145]。

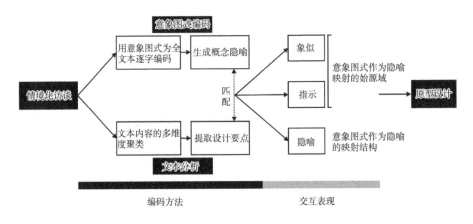

图 2-19　基于意象图式编码的交互隐喻提取与设计表现

在第一阶段,明确设计目标和适用人群,招募用户代表开展情境化访谈(contextual inquiry)并记录对话。如有必要,需实地观察用户的行为和处理方式,并要求其用出声思维法尽可能地表述所有的想法和认识[145]。

在第二阶段,研究者将调研资料汇总,转录成文本格式。研究者分成归类和编译两个组。归类组负责将用户的第一手描述按照一定的标准归类,从中筛选出潜在的需求并得到需要用意象图式去理解的交互内容。亲和图是一种有效的归类工具,研究者先整理出文本数据中的有关信息,再把这些标签和主题按照情境、需求、使用三大类排列。编译组负责从文本中释读意象图式。释读的方法是逐字逐句地将文本中的概念、句子成分和某些意象图式相对应,这种释读法完全依靠译员对意象图式的理解去体会说话者潜意识里运用的图式。在此基础上,一些反复出现的概念和意象图式的关系就更加清晰,研究者可以进一步总结这些关系,最终确定获得一系列的意象图式隐喻。此外,将文本中的意象图式逐个编码还会使研究者发现更多以意象图式为映射结构的概念隐喻。

　　在第三阶段,研究者将这些意象图式隐喻和概念隐喻按相关的交互场景聚类。所谓交互场景,指的是用户产生一个需求,继而使用一个功能去满足它的过程。面对聚类结果,设计人员或受邀的用户开展头脑风暴,提出将这些隐喻视觉化和交互化的方案。之后,研究者再将方案和相近的亲和图主题放在一起,分门别类。在表现意象图式隐喻时,可以直接用适当的符号化手段(如象似和指示)去塑造和传达意象图式的结构特征;而在表现概念隐喻时,意象图式的意味则蕴藏在手势所展示的事件内容之后。

　　最后,设计人员依照设计目标对方案进行系统的组织,完成交互稿,接下来就是迭代和测试,直至形成高精度原型。

　　上述的设计流程包含了意象图式的识别和视觉化两方面。它对于设计者的启示意义在于,几乎所有的研究项目都能通过解析使用过程中思维和认知相关的概念,将它们的本体或动态特征转化为意象图式上的描述,这样便有利于设计者用这种人类共有的思维习惯作为图形界面交互认知的基础。比如,Wilkie 等从对被试者的访谈中,获取了大量关于音乐的性质、表达、鉴赏的概念所反映的意象图式,进而提出了相应的概念隐喻和图式、音乐互动装置的功能、用户操作三者之间连续的映射关系[146-147]。在视觉化研究方面,Hurtienne 等[148]和 Winkler 等[149]也做了一定深度的尝试。他们表现意象图式隐喻的主要方式是在图形界面上突出意象图式的结构特征,如在账务管理系统界面设计中用天平的符号表示记借贷双方(BALANCE 图式);用包含联系人图标的圆形导航(CONTAINER、CENTER-PERIPHERY 图式)表示车联网用户距离车主的位置;用圆圈把汽车社交软件中代表可联系人的图标串联起来表示 LINK;图标的接触表示 CONTACT,等等。这也是最直观的表现意象图式的方式。

　　在实体交互方面,目前的研究普遍把切入点放在界面的物理性质所引起的意象图式的联想上面。研究者假设用户在观察到这些物理性质的同时,会激活最有可能联想到的意象图式——尤其是方位和属性两种类型——去充当概念隐喻的源域,从而对界面的语义进行合乎逻辑的推测[150]。Bakker 等的研究显示,当向儿童展示一些可以拉伸、旋转或者挤压、甩动的模拟音乐装置,并告知他们去利用这些可操作性上的特点,自行设想用何种操纵方式去表示音量、音高和节奏的调节时,儿童能够结合操纵方式与动作的幅度、速度,甚至装置的尺度去表示针对不同形态装置的声音调节[151]。Macaranas[152]、Hurtiene[153]、Löffler[154]等的实验结果也表明,在不预先告知的情况下,普通人将各种故意暗含了图式隐喻的实验材料和相应的意象图式匹配的正确率是相当高的。这说明人们从一定的造型、色彩特征而联想到的意象图式高度一致,反过来说,这种意象图式的表现方式不受用户先在知识多样性的影响(图 2-20)。

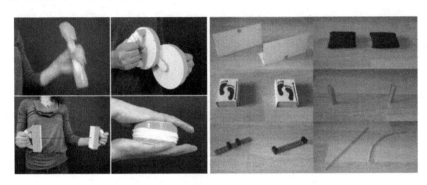

图 2-20 使用意象图式隐喻的交互装置与认知匹配实验[151-152]

在产品界面和工业设计方面,意象图式也是研究者分析用户认知和产品语意的窗口。Van Rompay 等认为,意象图式是一种基于具身知识理解产品语意的要素[155]。设计者在将设计意图编码为产品的形式时,也在语意表达时附带了意象图式的信息或暗示,如果用户的认知解码能顺利地发现这些意象图式,使其成为理解语意的通道,设计意图和用户的认知解释就能无缝对接,使用产品时的直觉感以及交互的自然性便油然而生。然而,刻意地将意象图式信息编码融入产品语意的主要方式还是对某个意象图式的结构特征予以形象化的再现。由于产品造型包含更多的冗余信息,用户解读意象图式的难度要大于从图形或者图片中解读[156]。此外,还有一些研究专门聚焦了用户操作(如滑动解锁、上下翻页、返回菜单)所基于的意象图式思维的问题[157],而识别与这些操作关系最密切的意象图式就显得非常重要。在已知的文献中,Asikhia 等提出的识别意象图式的方法[158]对于分析用户在定义、理解手势或表达交互偏好时所激活的图式有特别积极的意义。

2.5.2 提取交互手势中的意象图式

在 2.3 节中,笔者论述了用户定义和理解交互手势的思考过程,它总体上是一个用户通过主观上激活适当的意象图式结构以便用最小的代价把熟悉的形式-意义关系迁移到陌生抽象的此类关系上,最终保证自然使用与体验的过程。基于这一假说,在评价用户手势之前,研究者首先需要了解用户潜在使用的意象图式有哪些。所以这首先是一个识别上的问题,叫作提取意象图式(extraction of image schemas)。鉴于手势的语义和行为动机必须依靠提供者个人的复述和解释,意象图式的提取就变成了从这些解释性描述中推断意象图式的使用情况的问题。根据意象图式理论的有关文献以及 Asikhia 等所使用的研究框架,现将识别用户手势意象图式的策略分为以下四条。

第一是直接观察法(direct observation),即从行为或动作中提取相关的意象图式。由于缺少文本材料,无法完全采用语言分析的方式识别图式,译员能采取的最直接的手段就是主观地判断手势的动态与其所代表的功能含义之间的对应关系。例如,有一个从左向右挥手的手势,它代表"进入下一页"的意思。译员就可以将其理解为:(1)具身经验中以身体为参照,左侧通常表示时间轴上更靠前的位置,从左向右移动就可能反映了 LEFT-RIGHT 图式[159],它象征着向下、向后的意义。(2)手势在空间中经行过一段距离,它符合 SOURCE-PATH-GOAL 的结构,表示一个从起点到终点的运动轨迹。(3)既然完成了翻页,说明系统状态已经改变,从先前状态脱离出来进入了新的状态,此时新的页面便有了"容器"的含义。由于实验证明语言和伴语手势所表征的意象图式通常会有出入[160],这类手势往往能给会话的参与者提供言语之外的信息,因而从手势动作中识别意象图式对全面地解读用户意图有重要的帮助。虽然直接观察法比较直接易行,但其缺点是可靠性差。举例来说,我们知道象似性手势能通过动作传递许多意象图式结构上的感觉,这类手势无论是沿直线、曲线移动还是画一道弧线,都能从形象上解读为路径概念(PATH)的表现[161],但这不代表它就没有其他的意象图式解释;如果手势是指示式的,一般意义上其运动姿态只能和方位类型的意象图式相联系,Alaçam 等的调查却发现指向电脑屏幕的手势也可能表达"把事物带到这里"的意思,应解读为 PATH 图式[162];而如果手势是隐喻式,特别是利用了转喻和指代的手势,直接观察法就会受到极大的限制,因为转喻的衍生并不总是要依靠空间运动经验的结构化表征来完成。

识别意象图式的第二条策略是出声思维法。该方法很重要的一点是要让参与启发实验的普通用户在构想出手势之后立即汇报将它和功能/任务匹配的思维过程,而不是事后令其回想和复述。考虑到手势的复杂性,用户还需口头描述手势的具体含义。研究者取得的录音资料要在加以整理记录后归档,作为从语言上识别意象图式的重要材料。下一章将重点讨论这种识别的具体操作方法。在提取出相应的意象图式后,研究者能更深入地理解用户究竟如何看待手势意义与特定的功能/任务之间的联系。

第三是结构化访谈。用户需要在复述手势所表示的含义的基础上,阐明自己提出的手势是否来源于熟悉的类似操作,或者源于其他相似的生活经验。当然,如果用户手势的提出凭借的是某种直觉,他们也应陈述自己能够联想到的、感觉上与手势最近似的操作或经验。访谈资料同样会转录为文本。值得一提的是,设问要容许用户提供各种不同形式的先在经验。按照 Blackler 的分类,这些先在经验可以是和人群一致性、相似特征、隐喻之中任何一项有关的经验,但是用户要确保它和手势意义的强关联性。

第四,访谈问卷还应该包含和理解功能/任务有关的问题。它们主要涉及对功能描述词的语义理解以及对交互效果的期望。访谈可以采取多种引导用户表达真实意见的途径,以获得以上两方面问题的准确答案。

以上四种识别和提取意象图式的策略实际上继承了认知语言学中用意象图式解读语言背后认知现象与模式的方法,从手势定义的两组形式-意义关系的四个模块中获取意象图式结构(图 2-21)。它在自然交互手势中扮演着促使认知的产生、联结与意义衍生的角色。

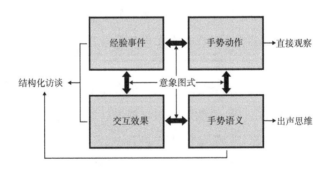

图 2-21　提取交互手势中的意象图式的四种策略

本章小结

本章讨论了意象图式在自然交互手势设计中的角色问题,相当于阐释了它在相关领域的设计价值和理论应用上的必要性。本章的内容概括如下:

（1）手势语言和言语共享同一套语义,人们会使用不同的适合当前情境的且从个人的知识、习惯出发的方式用手势表达语义,因而运用语言学概念辨析和理解被定义为交互输入的手势有助于分析其中用户知识的迁移机制。

（2）从用户角度看,要根据已知的功能或任务去自定义交互手势,最直截了当的方法是为其在知识库中选择突显特征的相似度最高的事件原型。笔者提出的假设性模型认为,手势的定义者首先会用自己的方式诠释任务,先确立交互意图,再形成具体的手势语义。该语义在向手势的形式层转变和向先在知识的各阶层寻求支持的同时,保留了固定的事件结构。这一结构方面的特征来自感知运动层的知识与体验,尤其是关于空间运动和空间关系心理表征的部分,即意象图式。

（3）根据感知运动层的知识和体验的不同来源与背景,可以将意象图式分为七种类型。意象图式还拥有正负性、静态-动态特性以及可转变、自由组合和同类嵌套的特性。这些特性使得意象图式能充分发挥作为概念隐喻的映射结构或隐喻的源域概念的作用,而这样的作用又使人们可以从抽象概念、实物对象和语言中合理地推测和识别出意象图式。

（4）意象图式理论在设计学领域得到了一定程度的应用,既能帮助设计者考察用户的认知模式,也有利于用户领会设计意图。我们可以将意象图式的识别与视觉化分别看作信息的解码与编码过程。识别意象图式主要靠对语言和句子成分的分析,当然也包括直接观察。通过对多方位用户反馈材料的分析和对手势的观察理解,研究者有机会提取到交互手势背后的意象图式,为手势认知结构层面的分类奠定基础。

第 3 章
交互手势的意象图式提取与设计方法

3.1　概述

　　由用户和设计师分别定义交互手势的方法各有其优势和弊端：用户定义手势明确地展现了用户的期望，但缺乏系统性、严谨性，缺少深思熟虑；设计师的专业知识可以弥补这些不足，但亟需切实可行的方法去整理用户在自然交互上的偏好和认知习惯。根据这一论断，为了兼顾交互的自然性和手势执行的绩效，设计师和用户在交互手势的设计过程中需要承担不同的任务。对设计师而言，一定样本量的用户所提出的手势方案有助于其窥探全体用户的手势偏好，更准确地发现用户定义新手势时最有可能激活的先在知识与所使用的推理过程。而设计师在方案的专业评价和系统性选择上的作用是用户所不能替代的。本章论述了一种归类、评估和筛选用户自定义手势的设计方法及其流程。它的理论依据是人们寻找任务语义的事件原型和手势表达形式时出现的跨域要素映射的结构一致性现象，这种结构体现为意象图式或者意象图式的某种组合（combination of image schemas）。不同的用户手势可能蕴含着同一套意象图式认知，尽管这些手势的姿态彼此有别，所关联的事件原型也不尽相同，但相同的意象图式认知决定了这些手势拥有共同的感知运动层的先在知识基础，是引申出事件原型先在知识中最直觉、最基本的结构部分。相对于多种多样的文化和技能层面的知识与事件经验，意象图式更适合作为对手势的认知与思维模式进行分类的标准。在确定了数种用于语义的跨域要素映射的意象图式及相关的手势分组后，设计师需采用一定的评价方法和测量工具从每一手势分组中挑选出最符合实际使用情境或者需求文档的代表性手势方案。在此之后，再由用户从情境中个人偏好的角度出发，给代表性手势评分排序，最终确定适合特定的交互任务、能满足相应功能的自然交互手势。在这一"二次选择"的过程中，用户实际上评价了不同的意象图式认知。因此，这是一种用户和设计师共同创造、集体参与的迭代设计方法，研究假设，它可以一定程度保证用户参与设计所得出的手势的可用性、满意度和可重复性。

完成上述设计方法的重要前提之一是确认单个手势方案背后的意象图式认知，这也是方法流程中最复杂的一环。第二章的研究指出，译员可以从动作和语言描述中分别提取意象图式。其中，识别语言所反映的意象图式不仅需要有关的专业知识，还需要参考某些将图式与语言表述的成分相关联的已知规律。本章在详细描述设计方法之前，首先通过文献研究和实际案例分析，整理了提取构建手势方案时用户潜在地使用意象图式的具体操作方式，它们包括从动词中提取意象图式、识别介词的意象图式以及提取语言隐喻中的意象图式。鉴于意象图式识别结果带有强烈的主观性，所有的结果都要计算评分者间信度。此外，本章还讨论了如何处置由意象图式的高度抽象和手势表达的多样性导致的手势与图式不能一对一映射（one-to-one mapping）和配对的问题。在根据意象图式给手势分类的时候，对这一问题要予以特别的考虑，采取对应的解决措施。

本章的应用案例来自笔者 2015—2016 年间在伦敦大学玛丽女王学院联合培养期间进行的一项预试研究。该研究招募了学生被试者共 50 人（男/女），其中汉语母语/常用语者 34 人，英语母语/常用语者 16 人。研究的主题是为"令播放中的手机音乐文件跨设备传输并无缝衔接"的交互效果定义行为上的交互方式，设定的使用场景是将手机音乐转接到车载播放设备上。研究要求被试者不考虑现有的识别技术，在任何手势交互行为的范围内天马行空地设想，并给出尽可能多的交互方案。研究在传统的手势启发实验方法的基础上，通过事后访谈收集了有效的用户数据并完成了意象图式的提取。本章所提及的案例几乎都取自这一研究的部分结果。数据分析表明，用户定义手势时激活的意象图式不受用户的技能知识背景与文化背景差异的影响，这意味着用意象图式来代表用户调用先在知识的方式更具普适性，可以避免因用户知识背景的差别而造成的不同人群间在原型选择上的偏差。另外,研究结果对于比较基于英/汉语的意象图式识别的法则与效果也有重要的启示。

3.2 意象图式识别的程序和方法

3.2.1 提取动词中的意象图式

意象图式是人类经验中反复出现的动态模式。无论在何种情况下,所有的句子成分之中只有谓语是最容易让人联想到特定的意象图式的,因为它描述了事体和活动的相互关系。如果没有谓语,语言的含义中就缺乏空间运动的意象,也就言之无物。通过熟悉意象图式的基本概念,解读意象图式的译员可以从谓语中解码出说话者可能潜意识运用的图式。然而,谓语的成分往往是由动词和附带的介词、补语,抑或表状态的名词、形容词构成。对于如此复杂的状况,本章专门叙述了提取动词和介词中意象图式的过程和要点。况且,任何句子成分的表意都受上下文语境的影响,有本意(literal sense)和隐喻延伸(metaphorical extension)之分。在这一节中,首先阐述从动词的本义中识别相应的意象图式需要注意的一些规律。

3.2.1.1 意象图式作为空间运动动词的射体-界标关系

空间运动动词指那些描述事物在三维空间中发生何种变化或者对其他事物构成哪些作用的动词,特别是那些描述了整个事体或者其某个部分发生了位移的动词。所以说,空间运动动词的主体是具体的、实在的事物(实意动词),并非虚拟的概念。当空间运动的结构被压缩和映射到抽象的概念域上时,即使是同一个词汇,也会变成抽象动词,拥有真实世界中运动的引申义。

动词作为谓语时只有与主语、宾语结合才能构成事件。在意象图式研究领域中,通常使用射体-界标理论给结构化的意象图式赋予可见的图示表达,同样地,从主谓、动宾短语中识别那些根植于谓语动词的意象图式靠的也是这种分析方法。射体与界标关系是图形-背景理论(figure-ground)在语法分析中的一种特殊应用。Talmy的图形-背景理论把图形定义为"移动的或概念上可移动的实体",它的路径、位置或方向被认为是一个可赋值的变量,要通过背景这一参照实体来描述[163]。图形-背景理论是认知突显观的产物,图形可被理解为概念认知或感知中最突出的部分,背景则是这一相互依存的关系中起到衬托图形作用的相对非焦点的部分。Langacker 提出的射体-界标是突显的类型之一。假设有一组突显的关系,其中存在最突显的对象,而其他弱突显的参与者为该对象提供关系上的参照点,于是前者称为射体,后者则是界标。Langacker 指出,在小句的分析中,射体、界标与图形、背景两组概念是彼此重合的。一般情况下,主语始终是突显程度最高的成分,特别是那些有自主活动能力的主语事体,所以小句的语法结构中主语通常是射体,宾语则被视为界标[164]。而如果射体与界标作为论元的关系在译员看来和某种意象图式结构相符,就可以认为谓语动词参与反映了该意象图式,如例(1)和例(2):

(1) 扔雪球,雪球摔到墙上就碎了。

(2) 热量会从高温的物体传导到低温的物体上。

例(1)当中"扔"、"摔"和"碎"都是空间运动动词。一般来说,"扔"的动作主体是人,但在例句中射体是"雪球","墙"是相对于它的界标。从这三个谓语动词和整体的话语意象来看,可以将句子反映的意象图式描述为图 3-1(a)所示的形式。这里一共有三个意象图式,分别是 COMPULSION、BLOCKAGE 和 SPLIT-TING。例(2)中"传导"是一个抽象动词,其语义来自空间运动中物的传递。图3-1(b)描绘了该词的意象图式,它的界标是 CONTACT 图式,以此为前提条件,射体沿着 PATH 的路径移动到代表被传导到的事物这一"终点"上或"容器"内。

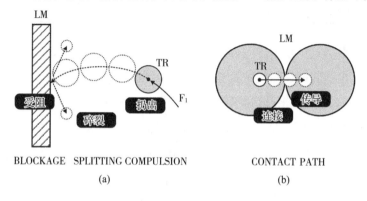

图 3-1　例(1)和(2)两句话蕴含的意象图式认知

能表示明显运动关系的动词至少具有位移(translocation)和界限(bounded)二者其中的一种特征。另外,动词所指的活动也包括施事主体(射体)自发的活动以及施事客体对受事主体(射体)施加的作用。Zlatev 等据此将空间运动动词分为八个动作情状(motion situation)上的类型[165](表 3-1)。位移在意象图式上表示为动态的 PATH,而界限表示为静态的 CONTAINER,二者同为意象图式的结构要素。朱晓军[166]指出,在空间语义的表达上,有一部分动词表现出空间上位置的变化,如跑、到达、传、带、飞、逃等,在附带了趋向动词如来/去、上/下、进/出之后,强化了位移的特征和动态位移关系。在具体分析阶段,有必要关注动词的表位移和表状态这两种性质,识别出可能普遍存在于部分动词中的路径与容器图式。而要识解表 3-1 中不具备主体的位移与界限特征的两类动词,就无须考虑这一规律。

表 3-1 空间运动动词在动作情状上的类型

	自运动(自动词)	受事运动(他动词)
位移 + 界限 +	我走去(PATH)学校(CONTAINER); 阳光温暖了(PATH)整个房间(CON-TAINER)	他把垃圾随手扔在(PATH)地上(CONTAINER)
位移 + 界限 −	它掉下来(PATH)啦; 球越滚(PATH)越远了	请把这样东西拿开(PATH); 你用点劲,把它推(PATH)上去
位移 − 界限 +	机器出了故障,彻底卡死(CONTAIN-ER)了	花瓶被他打碎成(CONTAINER)七八块
位移 − 界限 −	树枝随风摇摆; 水面上闪烁着粼粼波光	欢迎的人群挥舞着国旗

正因为对动词本意的理解离不开意象图式认知,因而用象似性手势表现动词隐含的意象图式的简图就成为描绘相应动词的一种有效手段。对此,Mehler 等提出了"gestural writing"的概念,通过这样的方式来表达句子的谓语,并用指示手势去选择句子的主语、宾语,以及用象征性手势表达描述性的、与评价相关的形容词汇,最终使整句的句义转化为一连串的手势符[167]。例如,"属于"一词本意为 A 物被归类到 B,从而处于 B 的控制下,这时可以形象地把 CONTAINER 图式用手势予以表现,而其他有容器图式意味的动词的诠释也是如此。由

于这套手势操作是应用于博物馆的现场交互式 wiki 系统,语义描述主要围绕艺术作品本身的一些事实展开,所以没有考虑引入动词引申义之后解释系统的复杂性。

3.2.1.2　动词的一词多义与意象图式识别

一词多义(polysemy)是语义学中一个词或短语发展出两个及以上意义的情况。词汇的原始意义从空间运动、可供性等具身的感知运动经验中产生,又随着这些经验结构向抽象概念上的映射引申出与抽象事物有关的含义。由于一词多义的情况无处不在,很多时候要完全依靠在语境中识别意象图式,具体问题具体分析。

以英语中 went 一词为例,该词随着用法的不同体现出数种射体-界标关系(图 3-2)。went 的词义主要有"去(走到)""持续""走向""变得"四种。从各个词义识别出的意象图式都有动体自发地或在外力影响下移动的基本结构,但是移动是连续的还是离散的、移动是否有终点、停止是临时的还是永久的,却要视词义而定[168]。对于空间运动感强烈的动词,还要从整个的主谓、动宾结构着手去辨析其内在的图式认知。

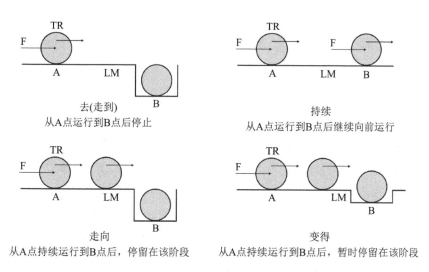

去(走到)
从A点运行到B点后停止

持续
从A点运行到B点后继续向前运行

走向
从A点持续运行到B点后, 停留在该阶段

变得
从A点持续运行到B点后, 暂时停留在该阶段

图 3-2　went 一词在不同词义上的意象图式解释[165]

Gibbs 等人所做的关于用不同的意象图式去联想英文动词 stand 的语义的

研究显示出动词的一词多义性与意象图式识别的关系,它证明了意象图式是激发人们理解动词词义的因子之一。研究分为三个步骤:(1)先令被试者体验和回忆站立的感受,他们要凭直觉判断它的意味和一系列意象图式间可联系的程度,得到五个强关联图式,即平衡、垂直(即上下)、中心-边缘、支持和连接;(2)令被试者给一组例句中 stand 的语义按相似性分类;(3)调查被试者认为的各例句中 stand 的语义和步骤(1)中强关联图式的对应程度[169]。结果发现,被试者总是倾向于用特定意象图式去理解动词的某些义项。例如,stand 表"矗立"之意反映了中心-边缘图式,因为该义项对比并强调了射体(图形)和背景体积上的差距,令被突显体有鹤立鸡群之感。虽然这种凭个人经验和感觉的识别主观性强,但它遵循了将心理意象抽象成射体-界标的形式去搜索匹配既有的图式这一基本方法。

3.2.1.3　动词的动相与意象图式解释

"动相"一词来自德语 aktionsart,意为活动的类别[170]。对动相的研究实际上是研究动词分类的原则。很多情况下,空间运动动词或抽象动词的意象图式特征并不明显,听话者或译员无法从中获取射体-界标关系,也就难以与既定的意象图式相关联。比如,"修理"一词,它在保持本意时是"用人工将损坏的物体或结构修复或理顺"的意思,尽管是一个空间中的行为,但手作为活动的事体与被修理的对象间的空间运动关系无法表达为任何意象图式结构。这时候为了从更深的层面识别可能存在的意象图式思维,就有必要认清动词的分类原则是否含有一定的意象图式性质。

最早的动词分类研究出自 Vendler 的四分情状,它把动词分成状态(state)、活动(activity)、结束(accomplishment)和成就(achievement)四种[171]。情状即分类标准,是由相应的语义特征所决定的。以英语为基础的研究多采用静态的(static)、持续的(durative)和完成的(telic)三组语义特征。通过判定动词内在的语义特征,Oslen 进一步扩展了情状的类别,增加了一瞬(semelfactive)和阶段状态(stage-level state)两类动词[172]。而 Moens 等提出的分类所根据的语义特征比较特殊,认为动词所描述的行动会体现出预备态(preparatory)、终结态(cul-minating)和效应态(consequent)的类别[173]。Rothstein 注意到,一些瞬时变化包含原子化的动作——例如眨眼——实际上是动作的连续体（concatenation）而非孤立的瞬间动作，它们也有起始、轨迹和终点；而如变冷、死这类动词既属于成就类动词，有时也强调阶段状态的改变[174]，属于多类性动词，或者说是兼相动词[170]。Becker 等的研究显示，说话者在用伴语手势表达不同情状的动词的含义时，旁观者更容易将其和表达同类动词的手势配对[175]，这说明人们惯于用类似的结构去理解构成分类标准的语义特征的不同表现方式。在目前的分类研究进展下，笔者采纳左思民的分类原则[170]并予以适当调整，在此基础上提出与每种动词类型和几项语义特征最为贴近的意象图式性质，见表 3-2。

表 3-2　动词情状分类（动相）所基于的语义特征的意象图式性质

动相性质	动相类别	词例	语义特征与意象图式
单相动词	活动动词	跑、看	（动态的）（持续的） 持续的特征因为涉及过程，可以被看作 PATH 图式，一个行动总会有始有终
	瞬间动词	爆炸、一闪	（动态的） 动态的特征没有固定的意象图式性质，一部分接宾语的词汇可以解释为推力图式（FORCE）
	心理状态动词	喜欢、愁	（持续的）（量变的） 量变的特征属于量的变化，反映了 SCALE 图式，如越来越喜欢、更加喜欢
	性质形容词	聪明、亮堂	（持续的）（量变的） 同上
	关系动词	属于	（持续的） 持续的特征因为涉及过程，可以被看作 PATH 图式
兼相动词	活动＋结果动词	挂、钉、强调	（动态的）（完成的） 完成的特征可以被看作 CONTAINER 图式，等于活动停留、维持在一种状态或效应下
	连续式活动＋结果动词	发热、变暗	（动态的）（持续的）（量变的）（完成的） 该类动词既有活动特征、过程特征，又有量级特征、状态特征
	活动＋状态动词	坐、死亡、认识、屈服	（动态的）（持续的）（完成的） 一类保持动态直到结束，并进入新状态的动词

对译员而言,当觉得用户访谈的文本中存在不能用更形象的射体-界标关系去比对意象图式的动词时,可以通过分析语境并确定动词的情状,套用表格所列出的相应的意象图式去理解说话者的认知。比如,"修理"的义项中既有表示活动持续性的成分,也有表示该行动必将有终止的期限,并得到可以评定的结果的意思。对于这样的谓语动词,如果有必要按照本意诠释的话,可以把它和PATH与CONTAINER图式联系起来,象征事体活动持续的过程以及最终水落石出时的状态。

3.2.1.4 动词与方位图式的关联性

动词的语义之所以和意象图式认知有关联,还在于方位图式往往是构成动词某些义项的具身经验基础。换句话说,某些动词在特定语境下表达某些含义的内在机制其实是意象图式隐喻。Richardson 等对此进行了一项研究,先把上下、左右两个图式描绘成图片形式,由上下和左右方向的箭头将代表任意实体的两个圆圈连接起来。测试材料里有一组动词,研究者依次展示给被试者,让其从四张图片里选出一个感觉上和它最接近的。比如,"尊重"一词,在表示尊敬之意时,被试者大多从其中联想到上下图式,即受尊重者在上方,射体(行动者)在下方的形式[176]。接着,研究者用两幅图片表示小句的主语和宾语,再给出谓语动词的文字,让被试者通过将两幅图片上下或左右排列以传达谓语动词的语义[177],最后计算各个词汇的平均得分在二维坐标轴上的角度(图 3-3)。研究结果反映出人们的确有不约而同地发现高度抽象的方位意象图式结构与一部分动词语义相似性的能力。

在 Richardson 的实验中,所用的图示材料均增加了箭头符号,来表达两个处于对立方位的实体彼此间产生作用的导向,但是实体方位上的对立关系和其本来的意象图式名称是一致的。由于施事-受事关系的存在,动词义项中潜在的方位图式只能表述为"向左,向下……",而非左右、上下的并列形式,所以除去带有属性类型特征的近-远图式以外,从其余四组方位图式中可以得到四类共八种意象图式结构(图 3-4)。根据对已有的实证研究材料的总结,这些方向性结构和动词义项间概念上的关联大致符合以下的规律:

凡是与空间位置的高低、数量、地位、力量比、归属、影响、评价、情绪波动之

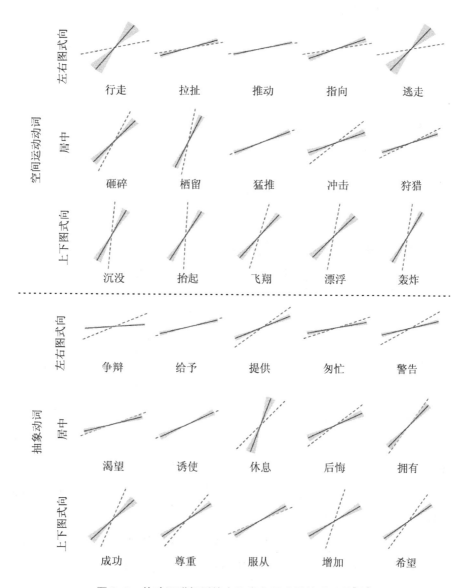

图 3-3　从动词联想到的方位意象图式的统计均值[176]

类的概念有关的义项，通常与上下的垂直方向在意象上的联系更紧密。

凡是在平等的施事者与受事者之间存在的，与左右方位、顺序先后、过程、制约/推动力、执行、指向、给予、欲求、干预之类的概念有关的义项，通常与左右的水平方向在意象上的联系更紧密。

凡是与已然/未然、计划、发展状态等概念有关的义项，通常与前后的三维 z

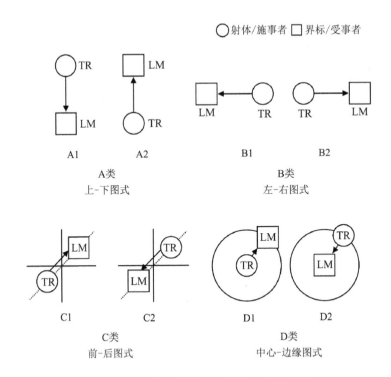

图 3-4　方位意象图式的八种施事-受事关系

轴方向在意象上的联系更紧密。

　　凡是与发散/收敛、突显、主从等概念有关的义项,通常与中心-边缘图式的聚焦-辐射方向在意象上的联系更紧密。其中,与距离上的发散/收敛有关的语义和近-远图式在意象上的联系更突出。另外,与吸引、关联、时长有关的语义也更多地带有近-远图式的性质。

　　表 3-3 概括了动词在反映上述五种意象图式时射体以界标为参照的运动在方向上的规律,并举出了相应的例子来说明。需要特别指出,任何概念原则上都有着多重意象图式解释。一般情况下,动词所基于的方位图式表现的射体-界标关系是包括在其他动态性更强的意象图式之内的,标示出射体运动的方向与状态。当然,也不能排除译员从一个谓语成分中识别出多类型的多个意象图式的情况。

表 3-3　动词语义与方位图式的关联性示例

方位图式	语义	示例	运动方向
上-下图式 (UP-DOWN)	高低	旗帜渐渐<u>升起</u>,在风中飘扬	下→上
	数量	该党候选人以高票<u>赢得</u>总统大选	上→下
	地位	学生首先应该<u>尊重</u>老师	下→上
	力量比	敌军对我方形成了火力<u>压制</u>	上→下
	归属	无论差距多大,都要<u>夺回</u>原来的名次	下→上
	影响	最好还是要<u>听从</u>专业人士的安排	下→上
	评价	自由比生命更加<u>重要</u>	上→下
	情绪波动	这个突如其来的消息令她倍感<u>失望</u>	上→下
左-右图式 (LEFT-RIGHT)	左右方位	猫咪<u>回过头来</u>,咬了主人一口	右→左
	顺序先后	议程暂告一段落,<u>接下来</u>是自由讨论	左→右
	过程	探险队<u>横渡</u>了海峡	左→右
	制约/推动力	人们很难<u>拒绝</u>这样优厚的条件	右→左
	执行	把一大碗饭全<u>吃</u>光了	右→左
	指向	他用手<u>指着</u>我	右→左
	给予	我国向外国赠<u>送</u>了一对大熊猫	左→右
	欲求	我好想<u>买</u>那件纪念品啊	左→右
	干预	这样做造成的后果不禁<u>令人担忧</u>	右→左
前-后图式 (FRONT-BACK)	已然/未然	万事都应向<u>前看</u>	后→前
	计划	他说要<u>争取</u>最后的胜利	后→前
	发展状态	这次失败让所有工作都<u>回到</u>原点	前→后
近-远图式 (NEAR-FAR)	吸引	他过于<u>偏爱</u>自己的小儿子	近
	关联	两人<u>断绝</u>了来往	远
	时长	我们的时间已经<u>所剩无几</u>了	近
中心-边缘图式 (CENTER-PERIPHERY)	发散/收敛	瘟疫逐渐<u>蔓延</u>到村庄里	中心→边缘
	突显	火光<u>映衬</u>着他的脸庞	边缘→中心
	主从	所有的问题都要<u>围绕</u>这个问题展开	边缘→中心

3.2.2　提取介词中的意象图式

介词表示的是它后面的名词或代词与其他句子成分的关系,如果实词成分在意象图式中表现为抽象实体的话,这种关系就是图式的内在结构,故而介词是识别说话者意象图式思维的重要窗口。介词表示的关系内容包括时间、方位、进行状态、原因、方法、范围、目标对象、数量,人们依靠日常反复体验到的空间概念和动态结构去认识这些关系并进行概念化。

在英语中,介词会出现于动词后面组成动词短语,这种组合叫作动词-小品词结构(verb-particle construction)。通过激活相应的意象图式,介词在这类结构当中能起到将谓语意义化的作用[178]。Lindner 分析了超过 600 个动词+out的词组结构,发现它们基本上只反映了三种意象图式,这暗示了介词的词义是有限的几种意象图式认知的产物[11]。关于英语的介词义项和对应的意象图式的研究数量非常之丰富。研究表明,在用意象图式把独立介词和修饰动词的介词概念化的时候,图式的表现会因为心理意象细节的增加而脱离二维的抽象图示,从而产生出更多的三维属性和规格(specification)。这种在结构上不完全摆脱基本图式,但细节更加具体的意象图式,是基本图式的变体,也是意象图式组合的一种表现。在此,笔者以 Lakoff 对 over 一词的意象图式解析为例来说明这一问题。

Lakoff 指出,over 反映了四种意象图式(图 3-5)。类型Ⅰ的图示是射体在界标的上方沿轨迹移动,移动轨迹的长度覆盖了界标上方的垂直空间,意为above-across。由于被界标所代表的名词形态各异,因而它们的轮廓和想象的三维结构也有所不同,加上运动轨迹也有起始、终点和接触界标与否的差别,于是类型Ⅰ的意象图式一共产生出五种变体。图 3-5 描述了它们的形象和代表性的例句。类型Ⅱ的图示是射体悬停在界标上方的垂直空间,它表示了 over 仅指明上下方位关系时人们会激活的心理意象,意为 above。类型Ⅲ的图示是射体以一个整体或密集分布的粒子或遍历各个路径点的轨迹的形式遮盖在代表界标的平面之上,意为 covering。类型Ⅳ的图示是射体从起点到终点的自移动,它没有界标作为参照物,而且轨迹的终点在一个抽象的、可以用容器表示的范围之外,这意为 exceed[117]。以上四种意象图式和相关的变体大部分包含了更基本的图

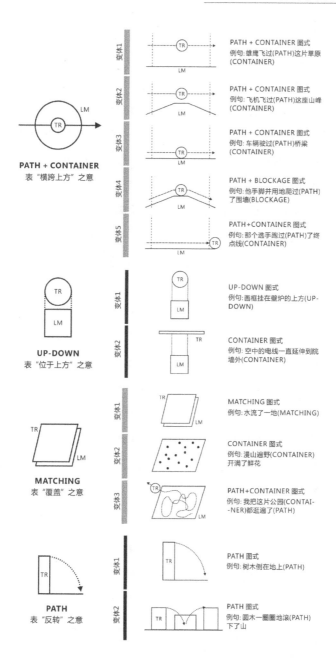

图 3-5　over 的词义及构成词义的意象图式[117]，
分别是：类型 Ⅰ（PATH＋CONTAINER），类型 Ⅱ（UP-DOWN），
类型 Ⅲ（MATCHING），类型 Ⅳ（PATH）

式和诸结构要素,如路径、垂直、接触、终点、可数、旋转等,它们的彼此组合与缺失形成了多种多样的意象图式变体,激发了人们对具体情景、上下文语境下相应的介词语义的理解。

在某种意义上,基本意象图式的种种变体更近似于丰富意象(rich image)的概念,它们对射体和界标特征描绘的复杂度要高于附录 B 中有明确定义的意象图式,甚至勾画出事体的整个实际形态。比如,图 3-5 中类型Ⅲ的变体可以如图 3-6 所示,将射体更细致地表现为可延展的平面(planar-extending TR),当这一平面继续朝四面向下延展,就转变成包覆着界标的多向平面(multi-directional planar TR)[179]。在提取意象图式的过程中,往往无须如此精确,译员只要用类型Ⅲ的结构来概括这两种变体即可,这样能够突出从用词中观察到的说话者的认知模式,而不必拘泥于心理意象的种种细节。

除 over 之外,图 3-7 展示了其他英语介词中可识别的意象图式。图中没有涉及变体的情况,仅仅陈列出已有文献对介词意象图式类型的总结[180]。译员在面对语句时,首先还是在脑海里形象地重构射体与界标的运动和方位等关系,来判断哪些意象图式的感觉比较突出。就介词方面而言,为了使主观识别出的意象图式符合标准,译员需要参照如图 3-7 所示的图式库[181-183],在对应的词表下甄别和选择最能准确反映说话者认知的图式选项。总之,英语介词有限的数量和为数众多的相关研究的成果为确定跨文化普遍存在的和介词运用相关的意象图式提供了重要的参考性数据。

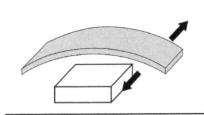 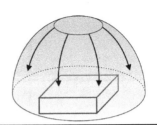

over在"覆盖"含义上的意象图式子变体1　　over在"覆盖"含义上的意象图式子变体2
可延展的平面　　　　　　　　　　**多向平面**

如:她将被子搭在晒衣绳上(被子是平面,　如:啤酒的泡沫沿着杯壁溢了出来(杯子是
绳索是被覆盖物)　　　　　　　　　界标,啤酒是覆盖它的射体)

图 3-6　over 在表示"覆盖"意时于不同语境下的意象图式变体[179]

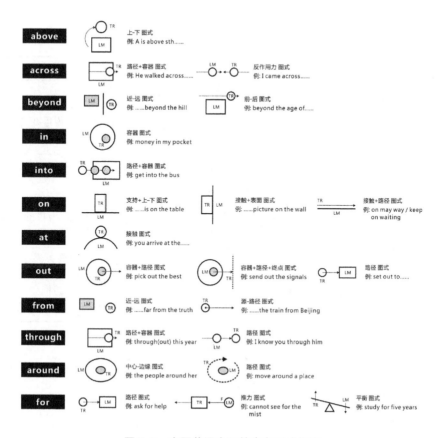

图 3-7　主要英语介词的意象图式解释

　　然而,汉语以及其他语言用以传达英语介词含义、取代其功能的语素不尽相同。作为孤立语的汉语,介词多从动词虚化而来,有的属于动介兼类词,时态助词如"着、了、过"分别具有英语中时态和介词的功用。汉语中有的单个介词的引介功能发生了损耗,导致了介词的同义叠加以强化语法上的作用。通过分析和比对关于汉语虚词词义和意象图式关系的研究[125,184-189],本节归纳了常见汉语介词和特定的虚词在不同义项下的一部分意象图式表达式,见表 3-4,它们和图 3-7 当中的意象图式在义项的对应上有所重叠。对于少数文献中没有深入讨论的词义和汉语虚词的一些特殊用法,表 3-4 也补充了相关的意象图式表述。据此,以汉语文本为对象的意象图式识别除了可以靠先意译成英语以求得明确的动词-小品词结构之外,参考系统性总结比较稳定的词义-意象图式关系也是一种有效的工作方式。

表 3-4 汉语常用介词的意象图式性质

介词功能	词例	核心义项及其意象图式
引出时间和处所	在	表示事物位于范畴(容器、表面)内或历程(路径)上
	从、到	相当于 from-to,表示事物位置的转移和状态的一次变化,反映了路径或容器图式
	离	和 from 的部分义项相重叠,根据语境的不同可以反映近-远图式或路径图式
引出空间	沿着、顺着	和 on 的部分义项重叠,相当于 along,其意象图式为接触+路径,表示事物贴着接触面前进
引出时间	于	表示时间路径上一个突出的点,射体的运动止于该点
引出方向	向、往	表示行动路径的动态特征,"向"一般用于指路径的抽象终点,"往"还可用于指到达的终点是范围或对象(容器图式)的情况
引出目的、原因	为了	表示目标(相当于 for),说话者的视角位于路径图式的起点,目光投向代表目标的终点
	由于	表示原因,说话者的视角位于界标(即受因的对象)上,它受到射体(即原因)的推动而运行,反映了推力图式
引出对象	对	表示施加影响或者承受行动的对象,即标示终点,可以反映路径或其他力图式
	关于	用于强调要论述的事物,将其范畴化(容器图式)
	给	用于表示主体行动的对象,有时相当于 to,兼有 for 的义项,即路径图式的终点或力图式的受事者
	替	表示参与行动的事物的改变,有覆盖意,反映阻挡图式
	跟、随	表示连接(LINK),"跟"表示多个对象间存在或不存在连接关系;"随"表示连接的动态形式,即连动关系
引出方式	按	动词虚化介词,原意为查验、确定,用于介词时表示参考、以……为基础,反映了支持图式
	通过	表示改变或延伸路径(当前活动)的外力,它是导致活动最终结果的原因,故表征为推力图式或是通向结果所必经的容器/空间
	凭	源自表示倚靠、倚仗的动词,反映支持或推力图式

介词功能	词例	核心义项及其意象图式
引出施事或受事	把	表示施事对象。把字句可能牵涉的意象图式有:路径(改变或延续活动进程)、容器(使受事物进入新的状态)、平衡(活动目的是让受事物转变为对等的新形态)
	被	说话者的视角位于界标(受事物),有潜在的力图式施加于它,从而构成活动
	让	表示允许行动的产生,有阻挡的取消、移开之意;做致使句用法时是推力图式,表示致事、役事
表示排除	除了	和"包括"相对立,体现了容器图式,将范畴外事物剔除
表示比较	比	比较导致差异,而差异则视具体情况以方位图式来理解
	同	在表示比较方面,意为"和",表示对象的并列或联系,具体意象图式视活动而定

动词和介词对识别语言中的意象图式认知的贡献很大,因为它们直接界定了施事者和受事者之间的行动关系与状态。除此以外,事体本身的性质也能在概念上和意象图式相联系。从事体——也就是名词成分——的含义中识别意象图式的方式有用具身认知去理解相关语义、匹配意象图式和用意象图式去解释明显的概念隐喻两种。

3.2.3　语言隐喻中的意象图式

意象图式以两种形式参与概念隐喻的组成,一种是充当隐喻从源域到目标域的映射结构,保留两域的信息在特征上的相似性;另一种是充当隐喻的源域,用日常生活中反复感知体验并沉淀的有关空间运动、关系和属性的心理表征去比喻任何具体或抽象概念,这种隐喻称为基本隐喻。在解读用户的手势和与构建手势的原因相关的叙述时,研究者或专业译员可以从有关概念的措辞与修辞中领会到背后的意象图式。它们有的来自用户自述中带有隐喻色彩的词句,有的来自解读者对参与活动的实体所附带的意象图式性质的分析。

有隐喻色彩的词句包括明喻、暗喻和借喻。以预试研究所得到的用户自定义手势为例,当研究者问"你倾向于用何种行为或交互手势向另一台多媒体设备发出指令,使得当前设备(手机)音乐播放中止的同时,接收指令的设备从中止的时间节点开始继续播放"之时,有被试者演示以下两种手势作为个人偏好的方案,见图 3-8。

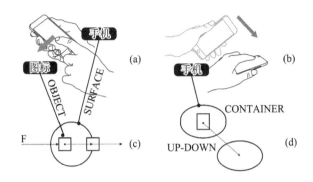

图 3-8　两种手势(行为)的语义所反映的意象图式

下文是两位被试者对以上两个手势方案做出的解释:

(1) 做一个拖动手势,就好比手机上有个图标,显示在播放这个文件,我按住它拖到屏幕的边缘,就可以发送文件给周围某个能感应的设备[图 3-8(a)]。

(2) 把手机侧过来拿,让它和地面成一定的角度,然后音乐就好像倒水一样自然而然地漏出来[图 3-8(b)]。

在例(1)中,说话者用"好比"这样的喻词,属于明喻。说话者把音乐比作图标,而桌面上往往有很多个图标,根据桌面隐喻,图标可以被看作一个抽象实体,即 OBJECT 图式。"拖到"二字表明有某个实体在一个来自前方或者右侧的外力作用下位移到新的地点,这是一个典型的 COMPULSION 图式,由于施力的对象要在受力体时空意义上的前方才能称为"拖",该词组也反映出前-后或者左-右图式,作用力的方向应是从左至右[图 3-8(c)]。例(2)中说话者把传输音乐比作倒水的事件,这两个事件在事体和行动的组成结构上是相对应的。目标域包含音乐从 A 设备转移到 B 设备后,A 设备的播放活动停止(即音乐被"移走")的事件,对应在源域上,表现为水从 A 容器倒进 B 容器,很自然地,两组设备就在概念上都和容器图式联系起来了。于是,从整句话中所提取的意象图式应该是容器+路径+容器图式[图 3-8(d)]。由于两个容器在方位上是上下关系,按照现实经验,音乐这一实体会受重力影响发生自运动[190]。

所谓实体所附带的意象图式性质,指的是通过理解句义并识别出和事体运动的概念关联最密切的意象图式结构后,对事体本身和静态的意象图式在性质上的关联进行合理推断。如我们假定例句(1)的说话者确实激活了COMPUL-SION图式,那么"边缘"一词就成为一个提示信息,说明音乐这一实体一旦被外力牵引到某个"容器"的边界线上,就会立即触发"转移"的效果。因此,我们可以相信手机被说话者视为容器,而"拖动"的行为从侧面表明这个容器不是三维的,仅仅是有二维边界的表面(SURFACE)。由于缺少相应的行为表现转移现象,我们无从得知说话者对目标设备的隐喻。最终,译员可以将手机和容器、表面两个图式对应起来,相当于用它们来比喻手机在该交互行为中的角色与性质。

总而言之,从语句中识别意象图式要从整体出发,先看清句子是否直接使用了隐喻去类比目标域的手势或交互事件。如果是这样,意象图式的识别必然要围绕对隐喻的诠释来展开,因而像例句(2)当中"侧过来""地面""漏"等词汇如果脱离了对事件隐喻的上下文描述,就无法从中提取出有意义的意象图式。如果说话者没有使用任何隐喻修辞,译员应从那些直接描述交互事件的语言成分的本意出发,利用图式库、语法规律和主观判断去进行识别。

3.2.4　意象图式的特性在语言编码中的表现

从语句中识别意象图式相当于用它对语言编码。笔者选取了五名被试者对自己提供的方案(图3-9)的意义描述,以展示意象图式的特性在这种"语言编码"过程中的灵活运用与无处不在,这五个手势也各自代表了一种意象图式认知的模式(图3-10)。图3-9中手势意义的描述分别如下(从左至右):

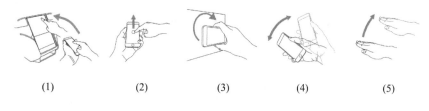

$$(1)\qquad(2)\qquad(3)\qquad(4)\qquad(5)$$

图3-9　五种跨设备交互的操作方案

(1)先点击手机屏幕上某处,代表选定了当前音乐,再点击屏幕边缘某处,表示将媒体文件向周边设备传输共享。

(2)先点击手机屏幕上的这里,做一个拖动的手势,然后对着大屏幕,象征

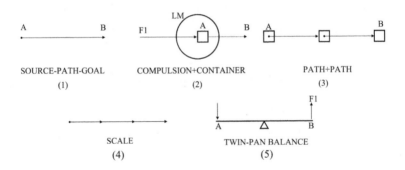

图 3-10　方案可以反映的五种意象图式

文件从手机这里转移到车载设备上。

（3）把手机背面靠近目标设备，设备能感应到并被激活，然后握住手机旋转一定角度，就表示将文件转移出去。

（4）握住手机上下摇晃，类似"摇一摇"这种，比较有交互感。

（5）单手掌心向下，而后向上抬起手掌，代表增大音量。意思是让设备启动，即让它取代手机成为音乐播放设备。

手势（1）反映了 SOURCE-PATH-GOAL 图式。很显然，点击手机屏幕上某处对应起点，点击屏幕边缘某处对应终点。手势没有具象地表现路径，而是靠强调起点和终点的存在以构建认知上的完形，人们会不自觉地意识到连接二者的路径，在这里路径图式是静态的。此类表示信息发送或移动的手势或多或少受到 drag-and-drop 交互的影响，如 Rädle 等所设计的跨平板设备文件传输方案就是用拖动手势将文件图标移动到代表接收方的位于屏幕边缘的彩色气泡球附近[191]来完成发送（图 3-11）。由于路径移动很明显，人们同样可以用 PATH 图式来解读它，和手势（1）相比，拖动手势更突出了移动路径的动态特征。

根据 3.2.3 节的分析，手势（2）反映了 COMPULSION＋CONTAINER 图式，是一个意象图式组合。推力包含一个作用力、一个受力实体以及该实体可能在力的作用下发生的位移，它们分别和用户自述的"拖""图标"和"对着""到"相对应，手机在语句中被看作手势所表示的行动的界标或背景。如果手势强调的是手机包含文件这一事实，而以文件从手机发出作为背景性质的事件结果，意象图式的组合形式仍然不变。

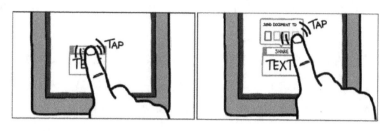

（a）点击文件后再次点击选择发送

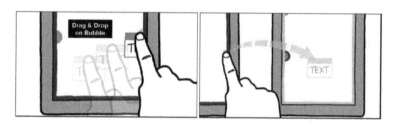

（b）将文件图标拖动到屏幕边缘的气泡球图标附近

图 3-11　在平板设备间转移文件的两种手势操作方式

从用户对手势（3）的意义描述可知，它反映了两个 PATH 图式。一开始从手机远离目标设备到靠近目标设备属于第一次位移，表示音乐文件的传输进入了准备状态；从手机贴近目标设备到完成旋转属于第二次位移，表示传输过程从开始到完成。可以看到，整个手势反映了一次意象图式转变的过程，操作者的注意焦点经过了两个阶段的转移。所以，该手势可以用 PATH＋PATH 图式来解释，本质上也属于意象图式的组合。

根据语句（4）的描述，手势（4）反映了 SCALE 图式，但是组成基本量度的不是抽象的路径而是力的作用，故而这是意象图式嵌套的表现。在手势提出者看来，音乐的转移是反复数次地施加作用力于发送设备上的结果。为了显示此任务有别于其他的指令，可以用类似摇晃的方式对"发送讯息、求得反应"予以强调，这也符合人们在自然交流时下意识拍打对方以及摇晃签筒等行为习惯。

手势（5）反映了 UP-DOWN 图式，很显然，用户将向上和增大音量再和开始播放音乐联系起来，而把向下、减小音量和停止播放在概念上相联系。这里说话者不仅使用了有正负性的意象图式，而且使用了它的动态形式表示两种状态的此消彼长。因而从整体上看，对手势的意义描述也反映了 TWIN-PAN BAL-

ANCE 图式,向上抬起的手势表示目标设备音乐的启动,从而令手机音乐自动中止。

以上节选的意象图式解释是单个译员的提取结果,在其他人看来相关的文字描述可反映的意象图式未必与之一致。例如,手势(3)的第一次位移也可被视为 CONTACT 图式的实例,而第二次绕轴旋转式位移又能让人联想起 CYCLE 图式。因此,要确保结果的可信度,研究须要求不同译员的主观评价有较高的一致性。

3.2.5 意象图式解释的评分者间信度

从语言中识别出意象图式结构的目的是要用它来解释说话者的心理活动,进而推测用户是否反复使用了同一认知结构去组建手势的形式-意义关系。但意象图式本身高度抽象,属于先在知识层级里的低阶部分,说话者即使了解意象图式是怎么回事,在语义表述时也几乎不会注意到自己使用了哪些图式,所以识别的正确与否完全取决于解读者的知识、能力与直觉,且只能以解读者的个人见解为准。这样一来,在确定意象图式提取的结果之前,必须要计算多个译员识别结果的 Cohen's Kappa 系数,以检验结果的评分者间信度(inter-rater reliability)。

$$k = \frac{P_o - P_e}{1 - P_e} \qquad (3.1)$$

式中,P_e 指机会一致性(probability of chanced agreement);P_o 指观察一致性(observed agreement)。通过计算实际一致性($P_o - P_e$)与非机会一致性之比,可以得到评分者内部一致性的值,即 Kappa 系数。Kappa 系数位于 −1 到 0 的区间意味着检查结果很不一致,无实际应用意义;当系数位于 0 到 1 的区间时,又可分成五个一致性水平:低于 0.2 是轻微一致(slight),在 0.21 到 0.4 之间是轻度一致(fair),0.41 到 0.6 之间是适度一致(moderate),0.61 到 0.8 之间是高度一致(substantial),0.81 到 1 之间是完全一致(perfect)[192]。研究者还提出,在 Kappa 系数大于等于 0.61(基准值)时,认定意象图式识别结果具有显著的一致性[45]。评分者间信度越高,说明不同译员所识别出的意象图式越一致,结果受主观判断的影响就越小。

实际操作时,根据 2.5.2 节指出的四种策略,研究者要记录用户手势的动态,并且收集用户对于手势意义、事件原型或交互经验、任务语义理解三个方面的看法和描述。接着,由受过培训、具备专业知识的译员解读访谈文字中的意象图式。表 3-5 是一个意象图式识别结果的范例,可以看到,两名译员对相同的文字材料做出的意象图式解释十分相近,但在少数几项上互不相同。用式 3.1 计算得到该案例的观察一致性为 90.9%,Cohen's Kappa 系数为 0.802,$p <$ 0.001,表明评分者间信度良好,译员的识别结果高度一致。当然,如果出现一致性水平低下的情况,建议译员尝试重新理解和该手势有关的用户研究资料,如果依然得不到满意的结果,可以考虑更换或添加译员。研究者还可预先让译员填写使用 5 点量表的自信度问卷,以便优先替换对自己的识别结果不够确定的译员。

表 3-5　意象图式识别的范例

文本:
将手机背面靠近目标设备,设备就感应到并激活,然后握住手机旋转一定角度,就表示将文件转移出去

关键词	译员 1	译员 2
背面	支持(SUPPORT)、上-下(UP-DOWN)	支持(SUPPORT)、上-下(UP-DOWN)
把……靠近目标	路径(PATH)、接触(CONTACT)、连接(LINK)	路径(PATH)、连接(LINK)
设备感应到并激活	推力(COMPULSION)、路径(PATH)	推力(COMPULSION)、路径(PATH)
握住手机旋转	路径(PATH)	路径(PATH)、循环(CYCLE)
转移	路径(PATH)、终点(GOAL)	路径(PATH)、终点(GOAL)
出去	内-外(IN-OUT)	内-外(IN-OUT)

有研究表明,随着参与识别过程的译员数量增加,评分者间一致性会趋于完美;也有研究表明,即使两位译员识别出的结果也有较高的一致性水平,足以取信和采纳[193]。为了减轻工作量,相关研究均只邀请两名译员参加每个手势方案的意象图式提取。译员对意象图式的理解水平不足以及工作方式不当也可能降低一致性,损害结果的可信度。要保证结果准确,参与识别的译员应留意以下几

点：(1)仔细分辨意象图式间的细微差别，不要将表原因（如 BLOCKAGE）和表结果（如 RESTRAINT REMOVAL）的图式混为一谈；(2)主动句中主语是射体，被动句则反之，不要把射体和界标弄反；(3)准确的识别有赖于找到语言中能直接反映意象图式结构的成分，所以要特别注意那些能指明语言意象和图式间相似性的文字信息，如阻碍、抑制、撞上等词表示的是 BLOCKAGE 图式。

3.3　意象图式激活与先在知识因素

　　自然交互手势要符合通用设计的准则，不存在只适用于特定人群的交互手势语言。本节以预试研究数据为样本，检验了具有不同先在知识背景的参与者在定义手势指令时是否会更偏向于激活某些意象图式的问题。如果先在知识是导致不同的意象图式使用比例的自变量，就需要首先找出不同知识背景人群的意象图式偏好，这样才能在进入设计阶段之前将不同人群区别对待。先在知识本身包罗万象，很难细分为具体的维度。研究在此笼统地提出三个划分人群知识背景的维度：年龄、文化与技能（图 3-12）。年龄以传统印象上的代际作为区分，文化以语言来划分，技能的分组除是否有过手势交互体验以外，一般要视手势启发的内容而定。

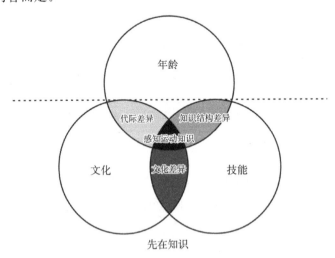

图 3-12　划分人群知识背景的不同维度

3.3.1 年龄因素对意象图式使用的影响

年龄因素方面,Hurtienne 等所做的一项研究证实了不同年龄段的被试者用手势表达意象图式隐喻含义的结果并无显著差异[194]。实验的程序是:先给被试者展示一个关键词和一组方位图式,该词能在概念上和其中一个图式相联系,如熟悉是 NEAR,而不太可能是 FAR。被试者要根据图式所提供的方位上的指示,融合自己的理解,尽快地表演一些能传达关键词语义的触控手势和隔空的自由手势。实验结果显示,青年组演示出正确反映意象图式隐喻手势的比例要高于老年组,但差异并不显著,而老年组在手势演示上的一致性水平几乎都高于0.61。研究表明,不同年龄段的普通人在用意象图式去对应地理解概念的方面都有不错的表现。换言之,在将手势动作和语义相连的思维过程中,年龄不是一个影响意象图式激活的因素。

预试研究的设计主题涉及驾驶场景,在招募被试者时,笔者特意选择了有驾驶经验和无驾驶经验两类人群,这样用户知识背景的划分标准就包括文化、手势交互经验、驾驶经验。50 名被试者总共提出了 156 个手势方案,事实上,他们往往容易想到一块去,提出的手势方案大同小异。经过整理,一共有 47 个姿态各异的手势,当中又有 23 个是被试者认为最好或者最偏爱的(图 3-13)。这些手势基本考虑了对不同惯用手和左右驾驶位的兼容。解读意象图式的任务由两名译员完成,其结果均符合有效的评分者间信度的最低阈值。为了更清楚地揭示分组对意象图式识别结果的影响,可将从被试者访谈中提取的意象图式按它们所指涉的对象分为手势动作所反映的图式、手机的意象图式隐喻、目标设备(中控)的意象图式隐喻、手势隐含的方位图式、手势反映的属性图式五个维度。

3.3.2 文化因素对意象图式使用的影响

通常,与文化有关的用户知识是阻碍包容性设计、迫使设计差异化的固有因素,当然这一论断也非尽然。Mauney 等就发现用户自定义触控手势的结果几乎不因用户的文化背景而有所不同,除了华裔被试者偏好象征性手势外,其他来自不同国家的被试者体现出明显一致性[195]。Löffler 等在比较说斯瓦希里语的非洲儿童和说英语的儿童后发现,说本地语的非洲儿童同样拥有意象图式认知,能理解抽象

编号	出现频次	手势
A-1	12	A-1 Throw　A-2 Swing　A-3 Scatter　A-4 Tap Source and Destination
A-2	3	
A-3	1	
A-4	2	
B-1	20	B-1 Drag　B-2 Flick　B-3 Zigzag　B-4 Splay　B-5 Grasp and Throw　B-6 Swipe
B-2	4	
B-3	1	
B-4	1	
B-5	3	
B-6	6	C-1 Attach　C-2 Light Touch　C-3 Tap on　C-4 Lay by
C-1	16	
C-2	3	
C-3	4	
C-4	10	D-1 Squeeze　D-2 Nod　D-3 Tilt
D-1	2	
D-2	1	
D-3	3	
E-1	9	E-1 Shake　E-2 Sway
E-2	1	
F-1	3	F-1 Magic Gesture　F-2 Draw a Circle　F-3 Draw a Symbol　F-4 Play Piano
F-2	1	
F-3	3	
F-4	1	

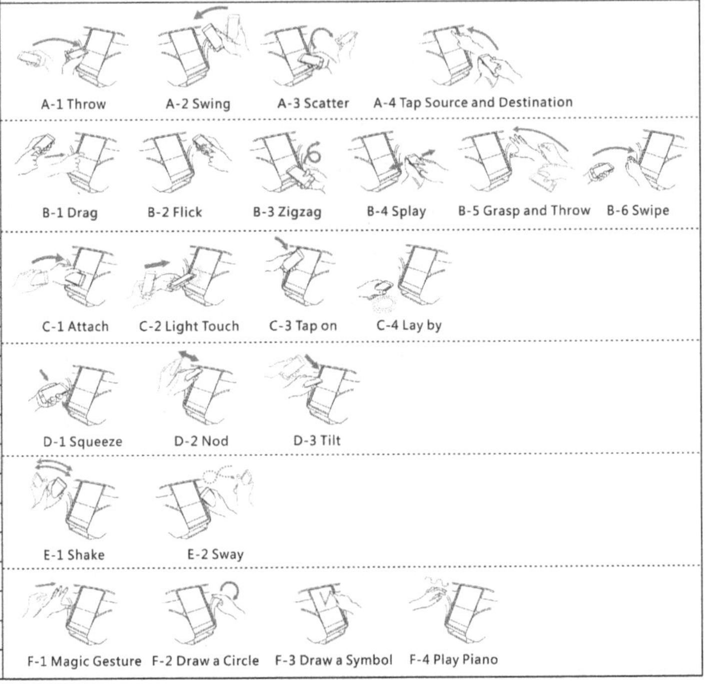

图 3-13　用户定义的跨设备交互手势在意象图式上的类型、出现频次和偏好

概念和意象图式的对应关系[196]。鉴于说汉语者所处的东亚文化和普遍意义上的西方文化间存在的基本差异,笔者只招募了母语汉语者和说英语者(包括母语为意大利语、德语、法语者)两类受试者,以便分析他们在进行任务——手势配对时潜意识地使用意象图式上的异同。两组被试者提供的手势数分别为 102 和 54。

统计分析表明,除了目标设备(中控)的意象图式隐喻之外,说汉语者和说英语者激活的意象图式并无显著差异(表 3-6、表 3-7)。两名译员的识别结果都指出,在对于汽车中控界面的意象图式隐喻方面,英语母语的被试者明显习惯于用容器图式去看待中控这一目标设备在跨设备交互手势意义中的位置($p < 0.05$),而说汉语者的目光更多地关注手机,倾向于忽略目标设备,或者仅将其视为一个抽象的终点。尽管说英语的被试者人数上要远少于说汉语的被试者,但他们使用容器图式的总次数甚至要更多(译员 1,English:$N_{container} = 17$,Chinese:$N_{container} = 15$;译员 2,English:$N_{container} = 15$,Chinese:$N_{container} = 16$)。对此一个可能的解释是在招募

的英语母语者之中有一定比例的非智能手机用户,相较于更熟悉和依赖智能机的
中国用户来说,这些欧洲用户似乎更重视将目标设备的特征纳入手势意义的建构
之中。当然,文化环境在总体上不构成影响定义手势时意象图式使用的因素。

表 3-6   文化和技能因素对手势偏好的影响

卡方	驾驶员/非驾驶员	有经验/无经验	说英语者/说汉语者
χ^2	2.631	2.532	2.266
p	0.268	0.282	0.322

表 3-7   文化和技能因素对意象图式激活的影响

被试者	手势数	卡方	行为	手机	中控	方位图式	属性图式
驾驶员/	73	χ^2	6.218	6.141	3.962	3.839	3.419
非驾驶员	83	p	0.286	0.105	0.266	0.428	0.331
有经验/	78	χ^2	4.955	3.149	2.090	7.704	1.257
无经验	78	p	0.421	0.369	0.554	0.103	0.739
说英语者/	54	χ^2	4.793	6.626	8.582	0.973	3.177
说汉语者	102	p	0.442	0.085	0.035	0.914	0.375

3.3.3 技能因素对意象图式使用的影响

技能因素即是否有过手势交互经验和驾驶经验。表 3-6 的卡方检验结果显
示,无论是关于哪个对象维度,被试者所激活的意象图式在两名译员的识别结果
上都没有显著的组间差异。在这些数据当中,值得一提的是译员 1 所识别的关
于用户所理解的目标设备(中控)的意象图式隐喻。研究发现,无驾驶经验的被
试者在解释自定义手势时倾向于把中控界面在概念上和 SURFACE 图式相联
系,用类似于面的事物去描述它(译员 1,有驾驶经验:$N_{surface}=14$;无驾驶经验:
$N_{surface}=26$),但是,这并未导致较高的卡方值和 p 值在 95% 置信水平下显著。
被试者激活各种意象图式的频次比例和两组手势数之比是相近的,这表明手势
交互经验和驾驶经验也不构成意象图式使用的影响因素,意象图式所依靠的感
知运动经验具有超越文化和技能层面的先在知识的跨人群一致性。

3.4 交互手势的意象图式编码

通过语言提取和直接观察,研究者能获得用户在定义自然交互手势的过程中所激活的意象图式,形成一个图式集。其中,能通过所有四种提取策略识别出来的且被激活频率最高的意象图式最有可能是用户在设想手势的形式-意义关系时所基于的图式。首先,如果用所有四种策略都能提取出一个意象图式,说明用户无论是在确定手势含义、理解任务意义还是在寻找事件原型以及用手势表意的时候都激活了该图式。假设图式集中有的图式是通过三种提取策略识别出来的,就说明它并未完整地出现在用户思维的每个阶段,没有充分起到为手势的形式层和意义层各要素提供映射结构的作用。其次,意象图式被激活的频率也是判断它是否主导了手势的表意和认知的一个标准。假设用户在解释自定义手势时,言谈中反复出现某一个意象图式,那么它被该用户潜意识地用于定义手势的可能性也就越大(图 3-14)。可以说,在用户手势所

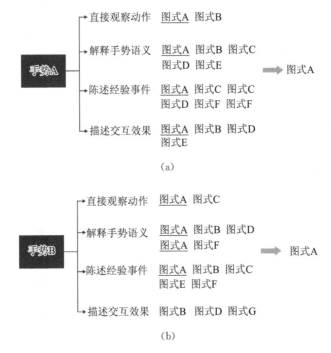

(a)

(b)

图 3-14 手势的意象图式编码的两种形式:完整的识别和高频的识别

反映的意象图式之中，这样的图式和该手势相对应的可信度是最高的。通过这种"典型的"对应关系，将交互手势视为意象图式的外在表现的过程，本书称之为交互手势的意象图式编码。

意象图式编码相当于用作为认知结构的意象图式去概括手势特殊的语义衍生模式和认知逻辑。但是，手势和所谓"典型的"意象图式的对应关系不是一对一的，这使得意象图式编码变得复杂。和原型的共时性衍生[9]一样，如果以意象图式为源域概念，手势就是目标域概念，一个意象图式必然有多种手势上的表现，反之一个手势也可能和多个意象图式相对应并被同时编码，这就分别出现了"一原多模"和"多原一模"的问题。

3.4.1   意象图式在手势表现上的多样性

由于不同的手势会反映同一个意象图式，研究者可以用图式来给手势归类，将其分成不同的群组。根据图 2-12 的模型，结合实际研究所观察到的情况，意象图式在手势表现上呈现多样性的原因大致有以下三点。

第一，手势的提出者对交互任务有不同的理解，因而手势的语义所表达的先在意图或行动中意图并不相同。经过释读，研究案例中"长按手机屏幕"和"点击手机屏幕上某处并拖动"两个手势都反映了 COMPULSION 图式，但很显然，二者在形式上没有相似之处。据用户解释，"长按"意为对转移文件这一任务目标进行强调，并区别于短促的点击和轻敲。而"拖动"事件有"把目标对象带到指定位置"的语义，它也是 COMPULSION 图式的示例。可见，同一个意象图式存在于对不同交互意图的语义理解之中。

第二，手势的提出者采取的表意策略不同。很多时候两个貌似不同的手势，其实是对同一种语义的两种表现方式。研究案例中，有两个被编码为 SOURCE-PATH-GOAL 图式的手势："两次点击（A-4）"和"挥甩（A-1）"（图 3-15）。在意象图式的表现方式上，前者用的是象似性手势，后者用的是隐喻式手势。象似即用手部动作再现意象图式的内在结构，如两次点击分别象征起点和终点，而手的位移象征路径。隐喻即用手势形象地表现能反映意象图式的相关事件，如操作者做出握着手机一挥的样子，表示"物体直接飞到某处"，它象征着物体（音乐）从 A 点到 B 点的移动过程。两个手势的事件语义都是物体空间位置的转移。

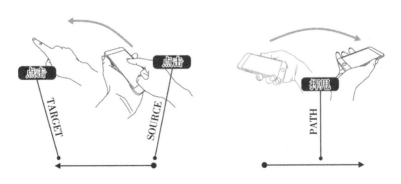

图 3-15　不同的交互手势被编码为同一种意象图式的情况

第三,情境约束导致了手势在运动属性、姿态和表现力上的差异。以"点击手机屏幕上某处并拖动(Drag)"、"点击手机屏幕上某处并滑动(Flick)"和"单手在屏幕上方一挥(Swipe)"三个方案为例,它们都被编码为 COMPULSION 图式,表示肢体推动着想象上的物体朝一个方向移动的概念。但是在运动属性上,三个方案的动作幅度是递增的,它们分别以掌指关节、腕关节和肘关节为轴实现肢体的平移,造就不同的姿态和识别方式,因而无法算作同一个手势方案(见图 3-13 中的 B-1、B-2 和 B-6)。手势提出者有的考虑了情境上的适应性,有的看重意图的个性化表达,使得用户手势的外观显得各不相同。

3.4.2　手势意义的多重意象图式解释

一个手势能编码为两个甚至两个以上的意象图式的现象,属于"多原一模"的情况。出现这些情况的原因一般有两点。

第一,在意象图式编码的时候,从四种识别策略中同时提取出的图式不一定只有一个;况且,如果以图式出现的次数作为编码的标准,也完全有可能出现激活频次相同的意象图式。在这两种情况下,手势的意象图式编码势必会有一个以上,这是多重意象图式解释的发散形式(图 3-16)。

上文提到的"挥甩"手势就是一个典型的例子。在研究中发现,该手势被提出的次数有 16 次,包括三种不同的姿态,其中有 9 次被受试者选作自己最喜欢的手势。有被试者自述表明,他们在诠释手势意义时主要激活的是 COMPUL-

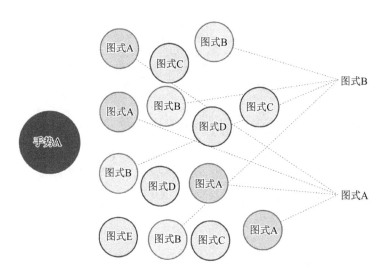

图 3-16　同一个交互手势可以编码出不同意象图式的情况

SION 图式,但是,由于这个推力图式包含有 PATH 的结构,表示物体受力后发生的变化和作用,所以在使用 COMPULSION 图式的同时,有被试者也连带地激活了 PATH。他们既描述了"挥甩"动作对应"抛投"的现实行为的理据性,又描述了被"抛投"的物体飞行的线路和终点。于是,用户的本意是表达行动从动因到效果的全过程,却附带地激活了它所包含的更为基本的意象图式结构。这一现象产生的根本原因在于,意象图式内在结构的互相组合使得一种图式不能完全和其他图式区分开来。因而一旦被试者使用了整个意象图式组合,它内在的结构要素也会被一并激活,如 PATH、CONTAINER 等图式的存在就非常地广泛。

　　第二,用户通过理解任务,产生不同的交互意图并激活相应的感知运动经验。但是在表现它们的时候,可能会不约而同地采取相同的手势动作。图 3-17 描绘了这种情况下的意象图式编码,它是多重意象图式解释的聚合形式。

　　前文提到过,有的"挥甩"手势被编码为 PATH。表现在心智模式上,就是使用了 COMPULSION 图式的被试者,认为手势的语义是"(主动地)把物体投掷到某处";而只激活了 PATH 图式的被试者,认为其语义是"物体(自行)飞到某处"。这表明虽然两类被试者都用"物体运行的线路"描述音频信息转移的事件,但他们根据各自对任务的理解,形成表意上不同的侧重点,进而唤起了不同

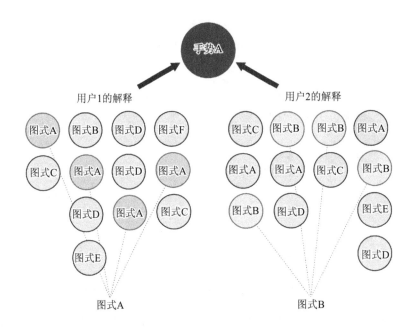

图 3-17　同一个交互手势因为解读不一致而被编码为不同意象图式的情况

的感知运动经验,令同一种手势出现不同的意象图式解释。还有一个常见的例子,即滑动解锁手势(slide-to-unlock),按住滑块向右拖动表示从锁屏页面进入主菜单。这一手势与界面提示非常符合操作者的直觉,但是从行为和字面意义上看,它的语义解释是有歧义的,能够和两种已有的意象图式相匹配。有研究者认为,该手势的事件原型是门闩,滑动象征拉开门闩,按照这种解释,手势反映的意象图式是 REMOVAL OF RESTRAINT,意为解除进程中的阻碍。如果去除滑块的 UI 设计,配合锁屏界面的右移,该手势似乎更能和 COMPULSION 相对应,意为通过滑动将锁屏界面移走。对比现实生活,这类似于整体拉开一扇推拉门的方式(图 3-18)。

　　总而言之,鉴于手势的意象图式编码上的复杂性,有的手势往往具有多重意象图式解释。而正因为激活了多种意象图式,这类手势所隐含的语义又容易被更多的人领会和认同,这对于交互手势的自然体验来说是非常重要的。

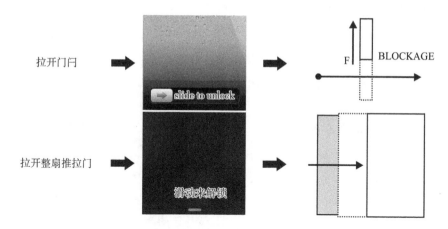

图 3-18　使用不同意象图式理解解锁手势交互的案例

3.5　基于意象图式编码的手势设计

3.5.1　设计方法与模块

通过以上的研究可以说明,意象图式在手势表达中扮演着连接形式层和意义层、实现目标事件域和源域间映射的认知结构的角色。它在知识领域的高度抽象和低阶的性质使其可以作为用户思维共性的一种表现载体,概括基于纷繁复杂的先在知识的事件原型衍生和基于相似性的推理背后的底层心理机制。根据这一推论,本节提出了一套以用户参与式设计(如手势启发法)为方法论基础的自然交互手势设计方法。它的基本思路是用户和专家协作,由用户提出手势偏好,设计专家负责提取用户手势的意象图式特征并据此给手势分类,继而为每一类有共同意义结构的手势选出最切合使用情境的代表性方案,最后由用户评价各方案的优劣。因此,该方法由四个模块组成,它们围绕着协作与迭代的设计过程,各自起到特殊且不可替代的作用(图 3-19)。

模块 1 是获取用户偏好,目的是了解用户的思维、行为与习惯上的偏好对潜在的手势偏好的影响。比较直接的调研方法是手势启发法,包括设定任务、解释任务、组织访谈和收集方案。它们的作用分别是:(1)定义手势所对应的功能、所处的物理界面以及手势所应对的场景或痛点,显示使用手势输入的必要性;(2)详细描述各个任务的输出信号与效果,帮助用户完整理解任务语义;(3)通过有效的组织模拟使用场景模拟手势的使用场景和使用过程;(4)对用户提出的手势方案进行记录、整理和归档,初步判定用户偏好。

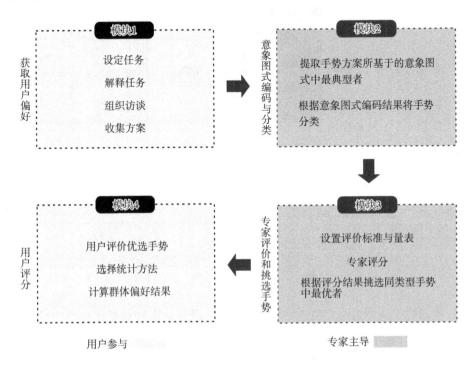

图 3-19 基于意象图式编码的交互手势设计方法的模块

模块 2 是意象图式编码与分类。意象图式编码的目的是通过译员对手势动态和用户自我解释的分析,提取出该用户最有可能频繁使用的、用来构建任务到手势间映射(task-to-gesture mapping)的意象图式。根据不同的意象图式,研究者可以把用户手势分成数类,其他人在用自身经验去理解其中某一类手势的形式-意义关系时,也会感知到对相应意象图式结构的运用。

模块 3 是专家评价和挑选手势。用户手势有强烈的个人特色,以自我为中心,缺乏连贯性和系统性。在用意象图式定义了某一类将手势语义符号化的思维范式之后,有必要引入合理且量化的评价体系,根据专家经验挑选出这一类手势中可用性最佳者,以它来代表这一种思维范式,在下一阶段接受用户的偏好决策。

模块 4 是用户评分,实质上是基于多项选择的手势评分。在整个设计方法中用户拥有相当大的自主权和决策权,他们要根据自己的经验、理解与估量,以行为是否自然为标准评价挑选出手势。最终,获得最高分的方案应既具有应用可行性,又代表了最受用户欢迎的意象图式思维。它一方面能保证其他使用者认知上的平滑过渡,另一方面有利于在实际环境下发挥其应有的功效。

3.5.2　设计方法的流程、节点与策略

虽然设计方法的每一个模块是固定的,但具体的实施流程、重要的节点以及相应的策略与技术处理却要视实际情况来安排。下文详述了设计方法的全流程。

模块 1 是获取用户偏好。如果采取手势启发法的话,要包括四个主要步骤(图 3-20)。

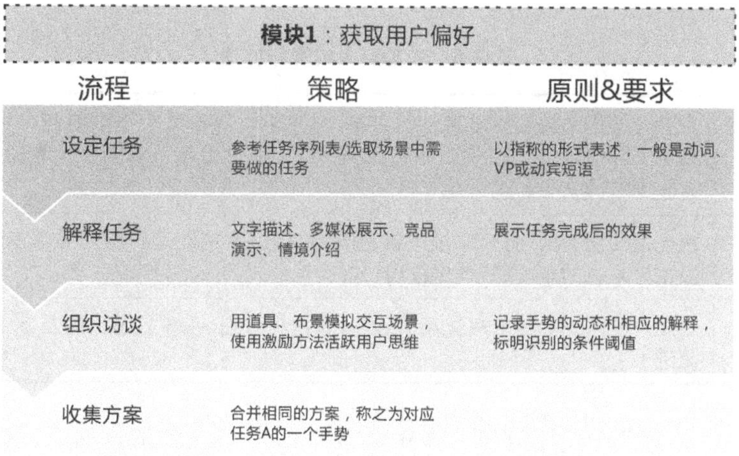

图 3-20　方法模块 1 的流程、策略与要求

在设定任务阶段,研究者选定问题场景中将会用到的交互任务,它们对应着具体的功能。手势启发实验中这些任务又被称为指称(referent),为了表述的前后一致,本书依旧称之为任务。当然,有时候任务是预设的,如悬浮按钮通常只有返回和切换后台列表的功能。在解释任务时,可以使用文档、多媒体展示、竞

品演示等媒介,结合对使用情境的充分描述,向用户展示任务完成后的结果与系统状态。

在组织实验阶段,研究者模拟出手势的使用情境,包括界面道具、空间环境和行为触发机制,目的是让被试者体验和假想实际的交互场景。在道具方面,纸原型作为一种经济便捷的工具,对模拟屏幕、实体界面以及智能设备很有帮助[197]。被试者将按照研究者的指示,在规定时间内提出并演示自己偏好的交互手势,指定其运动特征和识别阈值,然后在问卷上用文字予以记录(附录C)。为了促进被试者的思考,实验采取 Morris 等人提出的三种激励方法(表3-8):穷举、指导(priming)和协作(partner)[57]。最终,实验将取得一系列的用户自定义手势,研究者需要根据其动态、参数与特征将彼此完全相同的方案合并成一个,从而得到一个额外的手势集。这里将用户自定义手势称为"方案",方案合并后称为"手势",每个任务下手势被提出的次数称为频次(frequency)。如果最高频手势的频次远超过次高频者,说明被试组有明显的手势偏好,通常来说,该手势在重复测验中得到支持的可能性较大。

表3-8 手势启发的激励方法

穷举	令参与的用户提出尽可能多的方案,总数不得低于某个下限值或尽可能靠近某个上限值;也可以令用户持续地思考,直到提出在目前看来全新的,以往没人想到过的方案为止
指导	预先培训参与的用户,通过提供相关的材料、案例让用户学习或亲身体验,以及主试人员的现场演示,增进用户对交互形式的了解,打破思维定式
协作	令用户两两组队参与启发实验,彼此参详和讨论,在对方想法的基础上进一步演进

模块2是意象图式编码与手势分类(图3-21),其工作流程如下。

首先在用户提出手势之后,用问卷形式获取他们对手势意义的陈述、对任务语义的理解和所能联想到的类似行为经验(附录C),这些是意象图式编码的文字材料。要注意的是,编码的对象不是方案合并后的手势而应是用户提出的第一手方案。依照3.2节的编码方式,研究者将认定每个方案反映出一个或者多个意象图式。编码结束后,同一个意象图式下的方案被列为一组,于是,拥有多个图式编码的方案会被分配到不同的组内。为了使方案和手势的界限不致混淆,可以用特殊的编号去标记相同的方案。对于每个任务都依样为之。

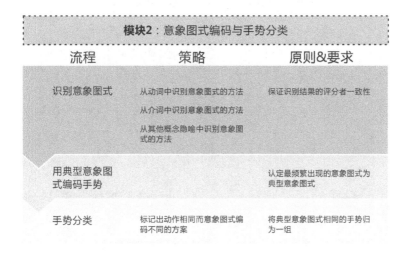

图 3-21　方法模块 2 的流程、策略与要求

　　模块 3 包括专家评价和挑选手势两部分(图 3-22)。专家评价就是邀请有
一定经验的设计师用量表评定用户手势的实用效果。设计师的评价也要在模拟
环境下进行,其使用的量表有防错性、自由度、容易度和直觉度四个维度。通过
对参与预试研究的被试者的访谈,继而用亲和图工具分析被试者对于手势可用
性价值描述词的频度,得到量表各维度的定义(附录 D)。量表为李克特量表,考
虑到十级制评分近似于我国的考试评分体系,且多等级量表在高分位的偏态性
不对排序性评价构成本质性影响,故采用有正负向的 10 点量表。除了四点可用
性维度之外,量表还加入了手势频次这一客观数据。将手势频次转换为量表点
数的计算公式是:$10F_i/F$。这里 F 表示一个分组内的方案总数,F_i 表示该组内
某一个手势 i 的频次。但是,由于缺乏已有的定量数据做支撑,目前还很难衡量
用户对手势的偏好(表现为频次)与专家的可用性评分之间正相关的程度。另
外,参与实验人数的增加可能会导致手势偏好在重测信度上的提高,这些客观因
素使得当前研究还无法给出为来自不同评价者的数据分别加权的标准,因而研
究中的量表数据处理均为未加权平均数。

　　可用性评价量表的四个维度是手势输入的本体最重要的可用性指标。
Nielson 的启发式评估法十原则中,防错和现实协调两项原则在手势交互中体现

模块3：专家评价与挑选手势

流程	策略	原则&要求
专家评价	评价手势在四个维度上的实用效果，以量表打分	
参考性量表	Borg 10 Scale 和 RULA	保证对手势容易度的主观感受分的相对准确
计算平均得分	将手势频次的数据归一化处理，和专家评分一起计算	量表不设加权得分
挑选手势	见图 3-24	选出同一意象图式分组内部可用性最好的代表性手势

图 3-22　方法模块 3 的流程、策略与要求

得最为鲜明。防错指手势不易被误识别，也不会在现有技术下容易无响应；现实协调指手势符号化的逻辑是否符合真实世界的一些惯例或者人类的自然思考。手势的表意越是靠近人们熟悉的思维模式，就会显得更加直觉。自由度的设置来自 Bakker 的交互注意力连续体理论[8]，它认为过于精确的控制会增加使用者的精神资源配置。手势需要保持精确性和意图性之间的平衡，等于说通过将手势识别的阈值转化为区间，让用户可以轻松自如地准确执行，而不用特别留意动作的完成是否严格遵照了某种规定，故而被称为自由度。容易度关系到手势执行起来是否舒适、不费力。模块中专门设置了两套测评工具来评价这一指标。专家首先要采用 Borg's CR10 量表录入主观数据，接着完成快速上肢评估(rapid upper limb assessment)表的打分。CR10[198]是一套分类赋值的 10 点量表，用来评价主观感受到的任务所需的生理运动负荷(附录 D)，评价者根据感受的程度对应取值。为了保持“容易”的正向性，在评分结束后要调转原量表的值的顺序，于是得到一个参考值。RULA[199]是经典的关于上肢运动的工效分析方法，它的原理是将上臂、前臂、腕部、颈部和腿部的运动按照肢体移动的弧度记等级分(附录 D)，以查表的形式确定各个分数汇总后得到的总分。RULA 的总分是 7 分制，而如果只计算手部运动的等级分，在总表里排除颈部和腿部的分数，就只剩下 5 个量度。我们知道手势动作几乎没有手脚同时活动的，因此在统计的时候，将 5 点和 CR10 的 10 点量度折算,得到第二个参考值。由于 RULA 没有考虑手指单独的运动,它其实是主观量表的辅助工具,用以衡量感受分在臂、腕的负荷评价上有无偏差。

在挑选手势阶段,设计师选取一组手势中评分最高者为代表性手势,统称为优选手势。如果出现一个上述的最高分,即选取所有得分最高的手势[图 3-23(a)]。针对同一个手势方案因为多重意象图式编码而被分配到不同群组的情况,挑选手势的过程要遵循以下五点原则:

(1) 如果手势 i 属于分组 $\{X, Y\cdots\}$,各组都包含一种以上的手势,且手势 i 不是任何一组的最高分手势,它不会成为优选手势[图 3-23(b)]。

(2) 如果手势 i 属于分组 $\{X, Y\cdots\}$,各组都包含一种以上的手势,且手势 i 是其中一组的最高分手势,它将成为优选手势[图 3-23(b)]。

(3) 如果手势 i 属于分组 $\{X, Y\cdots\}$,各组都包含一种以上的手势,且手势 i 是其中多个组的最高分手势,它在成为一个独立的优选手势的同时,所有被挑走了最高分项的组要推举第二高分的手势作为优选手势[图 3-23(c)]。

(4) 如果手势 i 是分组 X 的唯一元素,且不是其他任何分组 $\{Y, Z\cdots\}$ 的优选手势,它将成为代表 X 组的优选手势[图 3-23(d)]。

(5) 如果手势 i 是分组 X 的唯一元素,且是分组 $\{Y, Z\cdots\}$ 当中某些组的优选手势,它在成为代表 X 组的优选手势的同时,所有被挑走了最高分项的组要推举第二高分的手势作为优选手势[图 3-23(d)]。

模块 4 的用户评分是让未参与用户启发的新受访者给优选手势的自然度打分。除了要让受访者处于和用户启发实验相同的体验环境之外,还要在问卷材料上特别注明手势的含义及其和所对应功能的认知关联。评分可以采取排序和量表两种形式。排序法强制被试者评价各个方案的优劣,而量表打分在方案可选项过多的情况下可操作性更强。在可选项较少(本研究显示被试者能够给不超过 6 个选项排序)的时候,排序法有助于促进被试者在模拟环境下沉浸式思考,以防被试者主观上放宽心理要求从而打出过多的相同分。而假如需要靠量表打分,应设置能区分出较大数据差异的等级数为宜。

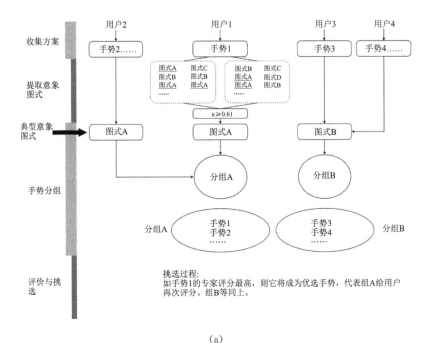

（a）

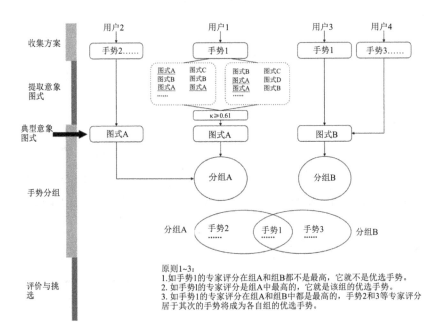

（b）

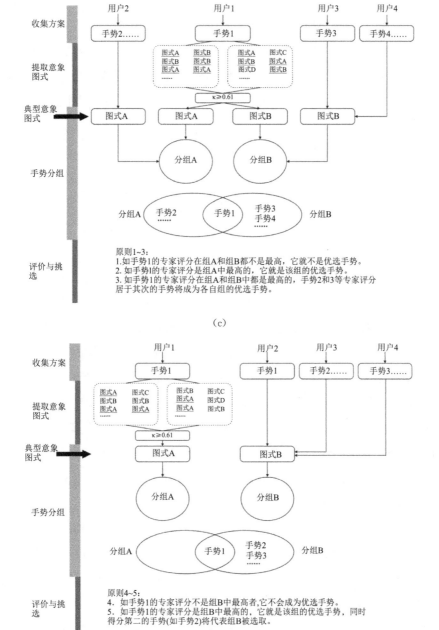

（c）

（d）

图 3-23 为每一个意象图式分组选取代表性的意象图式的几种情况和处理方式

排序数据有多种统计方式，可用不同的社会选择函数（social choice function）来计算，比较典型的有 Condorcet 函数、Borda 函数、Cook-Seiford 函数、Kemeny 函数等。不同的计算方式都有其自身的局限性，在函数的所有性质中，计算结果的唯一性即 Pareto 性是最重要的。通常一个任务只会有一个最高分手势，它就是从上述设计方法中历经选择最终得到的用户自定义手势。

本章小结

本章的内容围绕基于意象图式提取的自然交互手势设计方法展开，在介绍方法之前，重点解析了意象图式提取的要点、跨人群的适用性以及交互手势的意象图式编码三个问题。

意象图式提取是从用户对自定义手势的语言描述和手势姿态中识别出意象图式结构的过程。意象图式作为源自对空间关系和运动的具身体验的动态模式，是具体语境下语法、词义选择的认知基础。对意象图式概念有深刻理解的译员在承担识别任务时，需从整体和部分两处着手，先判断句子中是否存在隐喻修辞，再通过比对已知的意象图式简图，还原句子各成分的语义及其组合形式并判定其内含的射体-界标关系是否和某些意象图式相匹配。从动词和介词中最容易解读出意象图式，而相关词汇在语境中激活的义项会不同于其本意。除了参照已被论证过的特定词义所对应的图式，考虑词义的方位感和动相的意象图式性质也是有效的识别途径。为了让识别结果更加客观可信，要计算评分者间信度，并采用那些高一致性水平的识别结果。

调研显示，无论参与者的知识背景如何，他们根据任务去构思手势时运用的意象图式在类型和频次比例上基本相近，因而在开展基于意象图式理论的用户手势启发实验之前，主试人员可以选择知识背景不同的用户参与其中。在提取出单个手势的意象图式以后，研究者尽可能地挑出用户在所有的自我陈述和手势演示中最频繁出现的图式，并以之作为反映该手势"最典型"的图式，此所谓意象图式编码，相当于给手势一个分类标准。接着，研究者就将用户提供的手势偏好按各自对应的图式群组，经过规范性的选择程序，尽量降低一个手势因编码和表意策略而反映多个意象图式所带来的负面影响。之后，由专业的设计人员选取各组可用性最佳的方案,再将优选方案呈现给用户,令其再次进行使用情境下的偏好决策。总而言之,这是一种专家和用户协作,以挖掘用户心智模式类型为目的,经过迭代往复的设计过程的自然交互手势设计方法。

第 4 章
意象图式编码在用户手势启发上的应用

4.1 概述

手势在作为肢体语言时,有着多种多样的表意和指示方式,既有临场和即兴的一面,也受到个人经历和文化等方面一些规约化特征的束缚。常言道:"习惯成自然。"为了降低用户在已有知识跨域使用上的成本,快速培养使用习惯,触摸交互和自由手势界面都有比较固定的将行动、触发和系统事件连贯起来的手势语法(gesture vocabulary)。这些手势的自然体验背后,是交互意图的认知与目标域的手势语义认知之间在意象图式上的重合;而在外在表现方面,又保留了很多伴语手势的肢体语性质。

而随着普适计算、情境感知、模糊行为识别等技术的涌现,以及交互媒介的极大扩展,手势的交互环境及整个环境隐喻都变得更加多样化。本章的内容是将基于意象图式编码的手势设计和评估方法应用于不同类型手势的启发,以测量设计结果在可学习性、操作绩效等反映自然程度的指标上的水平,这样就回答了研究的第一个问题,即设计方法对不同工作条件下手势的适用情况如何。此外在使用情境的定义上,手势都是以次要任务的形式出现在用户全神贯注于并行的主任务的场景下,此时,用户只能以一部分注意力投入到手势的反应和执行当中。文章设定了多任务处理的实验环境,探讨了各个应用项目所得到的手势集组内各成员受注意力变量限制的程度,并分析了相关原因。通过以上的工作,笔者尝试解答了研究的第三个问题。

意象图式编码是要区分和评选用户的认知习惯,而专家评分的作用在于保障手势的可用性及技术可行性。为了检验手势设计的结果,评价工作暂时围绕手势是否易学、操作绩效、对注意力的耗费等几个要点展开。本章的内容局限于用户手势启发法本身,意在由设计案例的结论出发,讨论方法的组织程序以及意象图式理论的适用领域两方面的问题。

4.2　定义交互手势及使用情境

设计案例的选择基于两方面的考虑:创新设计空间和潜在应用场景。创新设计空间指未形成普遍设计规范、用户习惯培育尚未完成的交互方式。例如,做一个手势,使位于桌面较远处的手机播放接收到的语音消息,或者是在锁屏界面删除信息、将其变为已读之类。确定设计空间的过程参考了表 1-1 的手势分类维度,根据运动空间和界面物理可供性的影响两大维度,可以得到如图 4-1 所示的分类。它将手势交互的人-机关系场景分成四个象限,其中象限 3 所代表的和触控有关的手势交互是成熟的设计,应排除在创新设计空间之外。与之类似的还有如 Google Project Soli 这种以肌体的一部分或者以皮肤表面作为输入空间

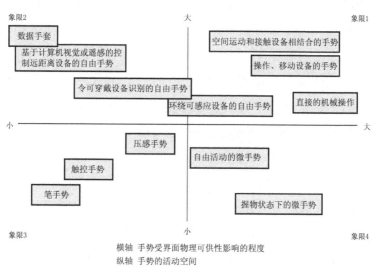

图 4-1　四类交互手势及其包含的子类型

的手势[200-201]，它们实质上还是触屏手势在相同的隐喻模式下的延伸。潜在应用场景指和除手机以外的智能化信息处理平台交互的可能性，研究选择了家居控制系统、交通和服务机器人三个应用场景开展了两项设计实验和一项设计应用研究。家居控制系统终端的代表产品是智能音箱；交通（驾驶）场景的手势输入空间和驾驶操控装置关系最密切，如方向盘界面。它们分别代表了图 4-1 中的 1、4 两个象限。和服务机器人的交互则多是非接触式的，更类似于人人交互。

4.2.1 针对智能设备的交互手势

象限 1 指用操作性或交流性手势向嵌入式交互设备发出能被电容屏以外的感应元件识别的指令。智能音箱这类家用的互联网硬件产品体积小、便携，和大型的装备（如 ATM 机之类）相比，更容易通过近似于操作、移动、接触日常物品的方式去提供一些辅助性的、需要快速响应和短时间重复的交互。这些方式脱离了对图形元素的操纵和管理，它们表现为以下几类手势。

第一种是手必定接触设备，同时可能包含空间中手部运动的手势。如果是在环境光条件下使用计算机视觉识别，有效的手势分割应能根据手指（或其他肢体）定位（fingertip localization）来判定区域接触。这类手势在移动设备（如手机）上的应用是比较突出的，它能方便使用者单手操作，也有利于提高信息的粒度、明确方向上的坐轴以及降低手势与无意识行动的相似度。例如，用食指在设备表面滑动和敲击的手势，在应用于抓握手机的场景下，它被称为 back-of-device 手势[202]。更加典型的是所谓"Air＋touch"[203]，它是一种将点击和手指的空中自由运动相结合的手势，构成连续交互空间（continuous interaction space）[204]，其中空中运动的部分是语义的主要携带者（图 4-2、图 4-3）。

第二种是在设备周边三维空间内（around-device）执行自由手势。对于以和屏显内容互动为目的的应用，在设备上方空间完成的手势（如左右挥手）有时会在语义上涵盖一个假想的桌面概念[205]。这种源自触屏手势的设计也会在无屏交互（screenless）中有所保留，如用手指在空中画出连续的轨迹[206]（图4-4）。Pohl 等提出，可以在信息接收设备上装载深度摄像机检测外部手势和操作物体所带来的运动信号，借此将自由手势的范畴扩大到自由行为[207]。Grandhi 等的研究指出，想象和模仿操纵实物的自由手势比使用身体部分去表示和实物有关

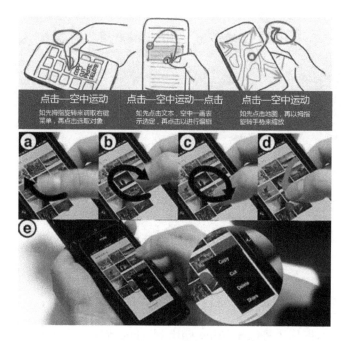

图 4-2　Air＋touch 手势交互[203]

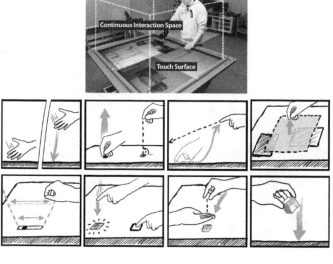

图 4-3　结合空间中运动和与可交互屏幕接触的手势控制[204]

的语义内容的手势更加自然,更符合用户直觉,因此建议以扮演而非指示的手法
表现手势[208]。

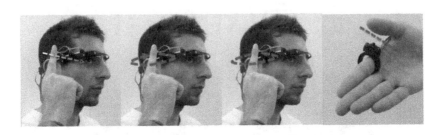

图 4-4　基于触屏手势指令的空间手势[206]

第三种是直接操作类（direct manipulation）手势。直接操作的概念源于
GUI 当中用现实域交互的方式改变数字信息参数的交互行为，典型的如平移、
旋转、缩放等指令。通过对现实域交互行为的借用，人们可以像拨弄、移动物体
和使用工具一样直接操作传感设备，而硬件设备黑箱化的外形以及物理可供性
本身也能容纳多种多样的行为性输入，Taylor 提出的握式就是常见的一种[209]。
Hoven 等认为，握物手势（gesturing with objects in hand）一方面作用于实体界
面，一方面也有交流性手势的特征[210]。在现有案例当中，嵌入了压力、电容、惯
性、加速度传感器的物理设备根据物理属性的不同，被赋予了包括拟人化行
为[211]、工具化行为①[212]、覆盖[213]、形变[214-215]、挤压[216]等在内的输入方式（图
4-5），这使得设备本身的产品属性也成为手势可以利用的特点。

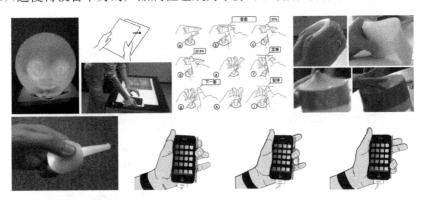

图 4-5　直接操作手势[211-216]（分别为灯具、跨设备文件共享、
音乐播放、数字信息提取、手机侧边上的手势操控）

---

①　指将感应设备当成非嵌入式的日常用具，以使用工具的方式作为交互指令。

　　第四种是可以用手势的形式规范化的直接机械式操作。例如,图 4-6 中可以用推移、旋转、倾斜等数种方式操控智能腕表原型[217],以及类似于用模仿机械操作来代表特定的功能指令的手部行为[218]。这些操作性手势很大程度上要受到设备物理结构的限制。

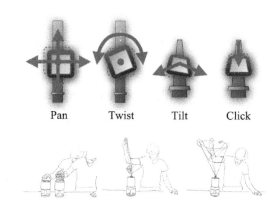

Pan　　Twist　　Tilt　　Click

图 4-6　使用直接机械式操作调节的产品原型[217-218]

4.2.2　握物状态下的微手势

　　象限 4 主要指手在和物品接触并处于非自由活动状态下的手势行为,属于微手势的一种特殊情况,这种情况最典型的表现就是握物状态下的微手势。微手势泛指用尽可能弱的肌肉运动去完成的手势,一般是手指或手掌的短促动作。握物状态下的微手势主要的日常应用场景有:握方向盘、抓住自行车把手[219]、拉门把手、提包、握住扶手、撑拐杖、拿着相机拍照等。其中,汽车驾驶场景不仅对微手势指令的需求较明显,相关的研究也已经非常丰富。

　　驾驶情境中的任务按照其重要性,可以分为主任务(驾驶)、次要任务(打灯、鸣笛)和第三任务(舒适、信息和娱乐功能)[220]。方向盘的形态和人机尺度允许研究者从不同的握姿和输入区域出发设计手势语法。Neßelrath 等提出的方案是“对象＋动作”的双手手势,驾驶者将双手食指竖起,左手表示对象,如车内照明灯、前车窗,右手指示功能,如上下、开关[221]。有的研究者采用结合手势与其他通道的方式精确地表达指令信息的各部分。比如,安装经过特殊设计的 GUI 的仪表板,驾驶员可以一边把手搭在方向盘上方,一边用手指触控[222]。而为了让司机免于伸长手指去触控显示屏,把触控屏安装在手边的位置成为一种设计思路。Pfleging 等采纳这种设计,让驾驶员先用语音呼唤待操作对象的名称,再在屏上用手势表示一系列和状态切换有关的任务[223]。Döring 等的实验证明了在置于方向盘内侧的输入区域执行手势对驾驶员分心的影响更小,与在中控屏上的触控交互相比,微手势对目视的要求更低[224]。包括 González 等设计的 Thumb-based StampPad[225] 在内,将握姿和手指触控结合的方式因为知识迁移复用的难度低,是基于方向盘手势输入的一种合理的解决方案。

事实上,方向盘的形态很适宜以比较自由的姿势掌握,驾驶员完全可以用动作上更微小的手势轨迹来实现某些功能。例如,Koyama 等在方向盘内置入环绕阵列的红外传感器,驾驶员的拇指从盘内侧向外侧移动,就可以自由浏览地图导航以及翻阅菜单[226]。Häuslschmid 等指出,微手势更适于处理横向控制,它虽然会延迟方向盘的操控,但变道测试的准确度更高[227]。这些研究中,驾驶员总是在惯用手的手掌紧贴着方向盘的情况下进行手势控制,因而绝大部分微手势发生在方向盘的 1～2 点钟位置[228]。但是除了手指的动作之外,短时间地松开手以便轻敲(tap)和按压(squeeze)盘体也属于微手势的一种形式。总的来说,只要被握物体处于手的控制之下,且手的可动性被握的姿势所限制,这种情况下的手势交互都被称作 grasp interaction[229]。Wolf 等指出,握物状态下的微手势包括手指的空间活动、摩擦(tickle)[230] 以及手掌和手腕的微小运动三类,而握姿可分为握杆、夹住薄片或薄板和握笔三种。这类手势不仅能缓解手掌可活动性受限的问题,还能通过减小肌肉收缩的强度降低脑力负荷。

在不同的握姿下,手各部分的运动能力和优先反应是不同的,于是,微手势的设计要考虑其是否容许司机在任意的握姿下以较少的精力去执行手势。然而,更小幅度的动作势必更难以传达完整且丰富的信息。设计者还需考虑微动的手势如何能保留功能的完整含义。根据已有的设计方法,无论是提取用户熟悉的直接操作手势去重新设计,还是将触控手势和一些三维手势微缩化,都是设计自然的微手势交互的常用做法。一套完整的微手势指令应具备行动和意义理解上的普适性。

4.3　设计案例 1：面向桌面设备的周边交互手势

4.3.1　任务设置

案例 1 设定的使用情境是：在面对（电脑、交互式白板的）显示屏工作（或娱乐）的同时，给处于注意焦点甚至是目视范围以外的音箱类设备发出手势。任务设置的原则有二：其一是选择需要连续和反复地采取或者隐秘完成的行动，否则手势交互的效率在类似情境下不如语音交互，也就起不到辅助工作的作用，从而缺少存在的价值；其二是选择手势启发实验中在偏好的一致性（agreement score）上有明显高低倾向的交互任务，这样便于比较实验结果和参考文献结果的差异。

偏好的一致性是 Wobbrock 在提出手势启发法时所使用的一个计算指标，它反映了实验参与者提出的手势彼此分散的程度，如果所有人的手势偏好都相同，一致性得分则为 1。其计算公式为

$$A_r = \sum_{P_i \subset P_r} \left(\frac{|P_i|}{|P_r|} \right)^2 \tag{4.1}$$

式中，P_r 是任务 r 的方案数；P_i 是其中某一个手势的方案数，计算可得到 A_r，即偏好的一致性得分。

将已有的文献梳理和比对后发现，在所有任务当中，与切换页面（上下页/翻页/返回）有关的任务手势偏好的一致性通常是最高的。相比之下，与关闭、停止、静音有关的任务手势偏好的一致性通常都比较低，属于用户的看法最多元化的任务之一。这两个任务也同时符合第一条设置原则。另外，在一系列半结构性访谈中，受访者表示手势在执行与快进/快退以及定时器的延迟等有关的任务上也有独特的优势，特别是广场舞爱好者在练习时希望随心所欲地调节音乐播放的位置，此时重复使用率高的快捷手势要比语音指令更能满足使用需求。表 4-1 是本实验涉及的三个任务/指称的具体定义。

表 4-1　实验涉及的任务的具体定义

任务/指称	定义
切换	切换页面、多媒体文件,控制音乐文件的播放序列
暂停	停止当前任务的运行,中止音乐的播放
进度调节	调节任务运行的进度,包括快进/快退和时间设定上的延迟/提前,但实验中只选择了"快进"

4.3.2　实验材料:实体界面的设计

按照方法程序,为了搭建用户手势获取的阶段所需要的模拟环境,研究者使用模型道具来象征真实的设备。这里要面临的第一个问题,就是设备的物理可供性因其造型、尺寸、材质而异,我们身边的智能硬件装备如此丰富多样,而实验材料必须选择能代表大多数音箱类产品的外观,从而使该外观造型能兼顾大部分手部操作上的物理可供性。此外,还需要根据市场上产品的尺寸规范确定模型的尺寸空间,并采用相同的制造材料。

从产品造型的原型理论出发,研究者在归纳了大量的设计作品后,提出了10 种基本的产品造型(图 4-7)。其分析依据是以点、线、面为三个基本维度,面有两个子维度(方和圆),线相当于面的延展方向,点相当于延展过程中的固定值或常量。它们演变出数种最普遍的造型规律,但凡有黑箱性质的、不涉及机械连接的活动件的产品,都带有这些形式原型的特征。以 iphone6 和小度音箱的尺寸为参照,设定产品的尺寸不大于 15 cm×9 cm×9 cm,实验用的模型将以此为标准制作。

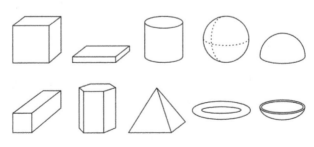

图 4-7　10 种待选的产品造型

要保证用户手势的多样性和创造性,就要在广泛运用的造型当中,选出对物理可供性的兼容度最高的几种,这样一来,绝大部分的手部运动都能施加在该模型产品上。在开始选择之前,研究首先搜集了手部运动的语言表达式,以便对各种手部姿态、行为予以总结。所有常用的汉语手部动词[231]被按照手部运动的两方面特征进行整理:一方面是实际运动的肢体部位,另一方面是运动和施力的特征(表 4-2)。与此同时,一些在语用上不相符的动词(如承接特殊宾语的词汇)被排除在外,另增加表放置的一些动词,如摆、挪、搭等。最终,研究得到 91 个可用动词。由于存在多义词,研究再将这些动词按语义分成三个类型:宾语为受事者的动词(75 个)、宾语为施事工具的动词(30 个)、可作为单独手势的动词(25 个)。这些动词所表示的手部动作,大致等于使用者能够对一个桌面上的产品所采取的全部现实行为。

表 4-2　按照所描述的运动特征对常用汉语手部动词的分类

动作主体	向下施力	平移施力	向上施力	反向施力	双向、多向施力	近身/远身施力	旋转施力	往返运动	动作轨迹	静止态
手指	按	勾	挑	抵	—	敲/弹、戳/捅	拨	点	画、抄(从侧面绕)、描	指
多个手指	—	拖	揭、捡、掀	—	捏/掐、挤、滚	采/摘、拉	捻	捋、挠	摸、滚	—
手掌	拍、压、捂、扣	拂/扫、抹	举/托、掂	扶、挡	抓、撕	推、招、撞	揉、搅拌	刮擦、摆手	抹、掠、探	拿
双掌	—	—	抬、捧	—	—	拢	—	搓	—	接
握拳	捶、捣、拄	—	撬、提/拎	—	掰、折	拽/拔、抽、插、揪、扯	—	摇	—	握、攥、插
腕部	撇	撩	—	—	—	掏、丢/扔	扳/扭、拧	抖	挥/甩	—
手臂	摔	撮	擎、撮	撑	扒	抛	抢	摆臂	扬	垂

最后,研究者评价了所有的基础造型对以上手部动作的兼容度。结果显示,可作用于圆柱体的手部动作数量最多。出于扩大设计的范围和相应的用户样本

的考虑,研究还选取了条状和板状两种造型,经过造型上进一步的微调,形成了面向 3 个任务和 3 个设备造型的 3×3 组合(图 4-8)。

图 4-8　三种设备原型图

4.3.3　用户定义手势的意象图式编码

研究招募了 90 名普通用户作为被试者,其中有效参与者一共 86 人。设切换、暂停、快进任务分别为 A、B、C,依次对应三种造型,排列组合可得到 9 种搭配(表 4-3)。在访谈阶段,被试者被分为 1、2、3 三个组,其中组 1 要面对的问题是为 A1、B1、C1 三种情况定义手势,组 2、组 3 以此类推。以上的安排保证了每组被试者都思考了所有的任务,同时也将体验到所有的造型,这样既使得所有的任务-造型组合都能采集到足够数量的用户手势,也能避免被试者将同样的手势方案赋予任务相同或者造型相同的组合上,从而降低被试者的思维活跃度和方案的可信度。

表 4-3　音箱造型和任务的 9 种搭配组合

被试者分组	任务	造型	组合编号
组 1	切换到下一曲	条状	A1
	暂停播放	板状	B1
	快进	圆柱体	C1
组 2	切换到下一曲	圆柱体	A2
	暂停播放	条状	B2
	快进	板状	C2
组 3	切换到下一曲	板状	A3
	暂停播放	圆柱体	B3
	快进	条状	C3

组 1、2、3 的人数分别是 30 人(13 男/17 女)、27 人(7 男/20 女)和 29 人(16 男/13 女)。第一阶段的访谈地点是教室,研究者给被试者发放清楚地描述了可以使用的手势类型的任务须知并且提供模型,令其两两一组完成测试。每人所用时长平均在 40~45 分钟,一般不超过 1 小时,使用问卷和录音记录。共得到 669 个方案,其中组 1 贡献 254 个,组 2 贡献 187 个,组 3 提供 228 个。从中共整合出 273 个手势,组 1 有 94 个,组 2 有 89 个,组 3 有 90 个。其中有效方案 649 个,有效手势 260 个。由于使用了穷举法,令被试者提出最多 4 个手势,加上适当的任务指导和被试者间相互的参考启发,实验获得的手势数量较为庞大,也导致偏好的一致性得分普遍很低,而 9 个组合中没有任何一个最高频手势得票率超过组员数的一半(图 4-9)。

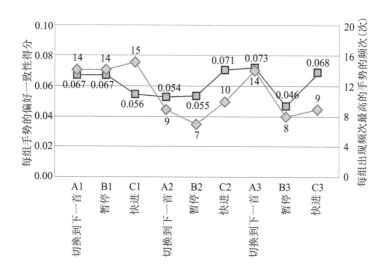

图 4-9　用户定义手势的偏好一致性与最常见手势的出现频次

在方法的第二个模块,也就是意象图式编码阶段,两名专业解读意象图式的译者负责给手势的姿态和被试者在问卷、录音中进行的解释编码,识别出动作和语句中潜在的意象图式。在此,我们以编号 A2 的组合所得到的一个名为"轻弹"的手势为例,具体地阐述意象图式的编码与归类。

表 4-4 是两名译者对该手势编码的结果,两人在某些图式的识别上看法不完全相同。据被试者陈述,两人分别识别出 6 种意象图式,除了在手势动态和任务语义理解方面的结果一致以外,其他两方面的识别结果都有出入。计

算结果显示,观察一致性值为 0.86,Cohen's Kappa 系数为 0.615,略微超过基准值 0.61,结果有效。根据编码原则,IN-OUT 图式在所有 4 种识别策略中都有出现,并且出现频次都是 4 次,为所有图式中最高,所以将该被试者所提出的这个"轻弹"手势编码为 IN-OUT。下文是译者识别这些意象图式的推理过程。

表 4-4 代表"切换"的"轻弹"手势意象图式识别结果

"轻弹"手势	手势及其解释	译员 1	译员 2
手势动态	食指前伸,整个手快速地沿直线在半空移动,画过设备感应区上方	路径(PATH) 内-外(IN-OUT)	路径(PATH) 内-外(IN-OUT)
交互效果	相当于移除掉这首我现在不想听的音乐	内-外(IN-OUT) 推力(COMPULSION)	内-外(IN-OUT) 推力(COMPULSION)
任务语义	这个表示不要了,就好像把东西扔掉了,然后它就消失了	内-外(IN-OUT) 近-远(NEAR-FAR)	内-外(IN-OUT) 推力(COMPULSION) 近-远(NEAR-FAR)
经验事件	这就好像把东西移走,比如说一个歌单或者多米诺骨牌,把其中一个移走,然后就接着下一个	内-外(IN-OUT) 推力(COMPULSION) 部分-整体(PART-WHOLE) 路径(PATH)	内-外(IN-OUT) 推力(COMPULSION) 部分-整体(PART-WHOLE) 移除阻挡(REMOVAL OF BLOCKAGE)

所谓 IN-OUT,实则是 CONTAINER 图式在方位性质上的表现。该手势的语义指向比较清晰,被试者的意思是"画一下"代表"取消、移除",同时以单手食指一画的姿态作为表示翻页或退出之意的手势在很多操作界面上也很常见。用户的自述和解释中出现的"移除""不要""消失"等谓语,以及"从""出去"等词汇,在译者看来均表示着概念上的实体离开一个容器所象征的范围或区域,反映了 IN-OUT 的方位意识。

另外,"移除"也带有 COMPULSION 图式的特征,因为音乐的"消失"不是自发的,而是人有意为之。译员 2 认为和"移除"一样,"丢弃"也包含人力将物体扔掉从而脱离本体的意象；译员 1 则不觉得该词特别强调推力的特征，于是双方看法出现分歧。但由于"丢弃"有表示物体从中心点移动到远处的发散的感觉，故而可以反映 NEAR-FAR 图式。

　　PART-WHOLE 图式是从语言隐喻中识别出的。被试者在描述播放列表的概念时，将其比作"一串多米诺骨牌"，对此译员 1 认为存在 PART-WHOLE 图式，因为单个音乐文件相当于"部分"，而整条播放列表相当于"整体"。正因为列表的串联形式，它在整体上可被视为静态的路径，即 PATH 图式。同理，译员们根据 PATH 图式的结构，认为"轻弹"手势（图 4-10）形象化地表现了物体被移走的轨迹，于是不约而同地从动作中提取出 PATH 图式。

图 4-10　"轻弹"手势

　　在叙述手势所基于的类似行为经验时，被试者使用了"移除"和"继续"的字眼。据此译员 2 认为，它们是 REMOVAL OF BLOCKAGE 图式的反映，可以这样理解，移除是为了列表内的下一首歌能继续播放，所以这里存在类似的意象思维。

　　出于多方面的原因，初次计算得到的评分者间信度往往达不到基准值。研究因而采取用户回访和更换译员两种手段，以信度通过的编码结果为准。通过这样的编码和评分者一致性评价程序，研究将所有的手势方案和一些意象图式对应起来。当然，其中存在很多相同姿态的手势甚至同一个方案本身和多个意象图式相匹配的情况。以 A1 和 B2 两种组合为例，A1 的所有方案一共有六种意象图式编码，于是它们被分成六组，同样 B2 的方案也被分为六组（图 4-11）。表 4-5 介绍了所有任务-造型组合所引出的手势的意象图式编码类型。

A1

A 轻敲 / LEFT-RIGHT
拍打音箱远离自己的一侧或一端表示切换到下一首。

B 遮挡 / BLOCKAGE
手自然地覆盖在音箱上，同时捂住喇叭。

C 摆手 / COMPULSION
在音箱上方做从上到下一拍的手势。

D 震动 / BALANCE
用靠近音箱的那只手拍桌面引起震动，图中描绘的是用鼠标的右手。

E 翻面 / PATH
将音箱向远离身体的一侧翻转一个面。

F 挥手 / IN-OUT
手在音箱上方从近到远地挥过。

B2

A 轻抚 / LIGHT-HEAVY
手指顺着音箱顶面抚摸。

B 遮挡 / BLOCKAGE
手掌横放在扬声器口挡住，五指并拢。

C 旋转 / PATH
将音箱旋转超过90度。

D 挥手 / COMPULSION
单手扫过上方空间区域。

E 推移 / LINK
将音箱底面整体推离原来的位置。

F 摇晃 / IN-OUT
握住音箱体，在桌面上做来回移动的动作。

图 4-11　A1 和 B2 两组手势的意象图式分组和代表性手势

表 4-5　9 种任务-造型组合所引出的手势的意象图式编码类型及手势示例

任务	条状	板状	圆柱体
1 切换	阻挡(BLOCKAGE) 手掌在扬声器附近一挡	阻挡(BLOCKAGE) 掌心遮掩扬声器上方的表面	阻挡(BLOCKAGE) 手掌在扬声器附近一挡
	左-右(LEFT-RIGHT) 轻敲设备左/右侧一次	左-右(LEFT-RIGHT) 轻拍一下设备一侧的桌面	推力(COMPULSION) 抓住箱体向随意方向一歪
	推力(COMPULSION) 在音箱上方从上往下一拍	中心-边缘(CENTER-PERIPHERY)轻敲一下顶面中心位置	内-外(IN-OUT) 在上方向远处画弧线
	内-外(IN-OUT) 手拂过音箱上方的空间	内-外(IN-OUT) 手拂过音箱上方的空间	上-下(UP-DOWN) 从半空向下一压/拍的手势
	路径(PATH) 将音箱翻一个面	路径＋容器(PATH＋CONTAINER) 把音箱拿起来，然后立即放倒	路径(PATH) 顺/逆时针旋转柱体
	平衡(BALANCE) 手掌重重地拍打桌面		

（续表）

任务	条状	板状	圆柱体
2 暂停	推力（COMPULSION） 触摸一下音箱表面	连接（LINK） 撞它一下，令其移位	推力（COMPULSION） 拍一下音箱顶面
	阻挡（BLOCKAGE） 手掌横放在扬声器口	阻挡（BLOCKAGE） 手掌朝下平放靠近扬声器	阻挡（BLOCKAGE） 手放在顶面的虚空中静止
	路径（PATH） 旋转音箱	内-外（IN-OUT） 手沿着箱体的长边一画	路径（PATH） 将音箱整体旋转 360 度
	内-外（IN-OUT） 抓住壳体在平面上摇两下	大-小（BIG-SMALL） 握紧拳头	内-外（IN-OUT） 手从音箱上方拂过
	连接（LINK） 撞它一下，令其移位	推力（COMPULSION） 指关节敲一下	连接（LINK） 将音箱拿起一定高度后放下
	轻-重（LIGHT-HEAVY） 轻抚音箱表面	路径（PATH） 将音箱翻一个面	量级（SCALE） 握住，在平面上来回移动几下
3 快进	阻挡（BLOCKAGE） 握住扬声孔	阻挡（BLOCKAGE） 手掌朝下覆盖声孔	阻挡（BLOCKAGE） 握住箱体
	推力（BLOCKAGE） 轻敲设备表面	推力（COMPULSION） 敲击设备表面	量级（SCALE） 连续拍打设备顶面
	路径（PATH） 手指沿着顶/侧面画线	路径（PATH） 手沿着箱体的边缘一画	路径（PATH） 握住音箱来回摇晃
	上-下（UP-DOWN） 在音箱上方抬高手臂	路径＋容器（PATH＋CONTAINER）将音箱侧着竖起来	近-远（NEAR-FAR） 绕音箱顶面在空中画线
	量级（SCALE） 连续翻面	量级（SCALE） 连续翻面	循环（CYCLE） 拿起设备，一手夹住顶面边缘如拧旋钮一般
	内-外（IN-OUT） 将音箱立起来一秒再放倒	大-小（BIG-SMALL） 张开五指	

4.3.4　专家与用户评分

如图 4-11 所示，A1 和 B2 两种组合均有六个手势群组，它们的划分依据是手势最有可能反映的意象图式。四名有交互设计经验和 HCI 方面研究经验的设计师受邀参加对用户定义手势的评分,最终选出了每组手势中平均得分最高者,它们代表了激活这一类意象图式去理解任务,寻找经验原型,最终构建行动语义的思维模式,这也是用户自然地学习、使用手势和进行快速反应所依靠的信息处理和知识检索、迁移上的一种共性。之所以不选取那些评分较低的方案,是因为它们作为预期实用效果较差、可行性不高的提案,会在增加用户评价的可选项数量的同时,降低这些选项的备选价值。本书所述的设计方法也就是为了排除用户定义手势中那些即兴思考的、个性化严重的甚至滥竽充数的提案。

表4-6、表4-7是一个专家评分的范例。A1组合中被编码为PATH图式的手势组包含了四个方案,由于提出"向一侧微倾"手势的被试者各自认知和解释上的差异,该手势的一些方案被编码为LEFT-RIGHT图式所属的手势组。需要指出,参与评价的设计师和编码活动没有交集,在这种情况下,手势的可用性评价不会因意象图式编码的多重性而发生变化,进而避免了评价受到外界因素扰动。计算手势频次的比例值,取其与其他主观评价条目均值的综合平均数,得到每个手势的专家评分。A1组合中,PATH图式组内得分最高的是"翻面"这一方案,它顺理成章地成为该组的优选手势。

表4-6 从A1组合的手势中选择代表性方案,进而根据意象图式编码将手势分组的示例

意象图式编码	方案数量	常见手势举例
阻挡(BLOCKAGE)	5	手掌掩盖扬声器、握住箱体、长按箱体
左-右(LEFT-RIGHT)	5	轻敲音箱右侧、食指向身体右侧一指
推力(COMPULSION)	13	拍手、推它一下、摆摆手、敲击音箱右侧的桌面
内-外(IN-OUT)	6	掌心向下拂过音箱上方的空间
路径(PATH)	4	翻一个面、稍微将音箱移动一段距离、将音箱旋转90度、握住箱体向一侧微倾
平衡(BALANCE)	4	手掌重重地拍打桌面、将音箱拿起使其离开桌面

表 4-7　路径(PATH)图式组所属的手势的专家评分结果

手势	意象图式	防错性	自由度	容易度	直觉度	出现频次	总分
翻面	路径	8.50	7.50	6.75	6.50	6.70	7.19
轻移	路径	5.00	7.25	7.50	7.00	1.10	5.57
旋转	路径	4.25	3.00	5.75	5.50	1.10	3.92
侧倾	路径/左-右	6.50	6.25	6.50	7.25	1.10	5.52

数据统计发现,B2 组合中被编码为 LINK 和 PATH 图式的手势分别都有三个,两组的优选手势分别是"推移"和"来回在平面上摇晃几下"。提出"推移"的被试者认为,设备离开原位代表它"断线"了,脱离了原来的播放状态,因而相当于静音的意思。编码结果显示,被试者将播放状态视为连接状态的保持,将停止播放视为断开连接。然而,提出"将设备像时针一样旋转一定弧度"的两名被试者在解释上出现了不一致,于是这个手势被归类到 LINK 和 PATH 两个组。而该方案在两个组的专家评分中都是最高的,这就出现了挑选手势五原则中第三条所述的情况,最终 5 个手势组产生了 6 个优选手势。图 4-11 还显示,只有一名被试者提到的"轻抚"手势被编码为 LIGHT-HEAVY,它因而成为只有一个元素的组,故"轻抚"也在优选手势之列,这符合挑选手势的第四条原则。

专家评分产生了 52 个优选手势,每个任务-造型组合名下有 5~6 个不等。接下来,将 3 组被试者和 9 个组合予以重新搭配,使每组被试者都参与所有组合的手势定义,这样就相当于从另一组用户的视角考察这些手势,以防原被试组的偏好给结果施加持续性影响。在评价所用的方法上,研究使用 Borda 函数计算排序分,它的计算公式是

$$B_i = \sum_{k=1}^{m} r_i^k (m-k) \tag{4.2}$$

式中,B_i 是手势 i 的 Borda 分数;m 是针对一个任务的优选手势的数目;k 是手势 i 的排序;r_i^k 是手势 i 被排到第 k 位的次数。被试者进行排序评分时所处的测验环境和启发实验相同。通过比较每个优选手势的 Borda 分数(附录 E),得到被试者对每种组合所适用的交互手势的群偏好(图 4-12)。可以认为,在用户看来该手势最适合用来表达相应任务的语义,符合自然使用的特征与要求。

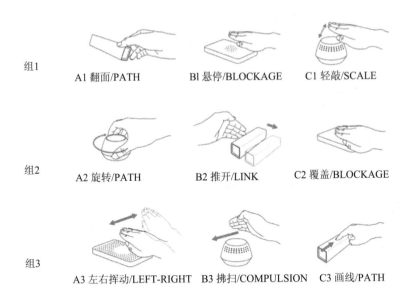

组1   A1 翻面/PATH   B1 悬停/BLOCKAGE   C1 轻敲/SCALE

组2   A2 旋转/PATH   B2 推开/LINK   C2 覆盖/BLOCKAGE

组3   A3 左右挥动/LEFT-RIGHT   B3 拂扫/COMPULSION   C3 画线/PATH

图 4-12　9 种组合的用户偏好手势

当然,作为实验设置而非具体的设计项目,最终遴选出的手势指令出现了因同一种设备的不同造型而异的情景。虽然这不合现实逻辑,但物理界面的造型特征对用户的手势定义有何影响却是一个值得探讨的问题。研究发现,物理界面的造型作为一个设计上的变量,它对手势结果的影响并不十分显著,其程度也不如任务的差异带来的影响大(表 4-8)。数据表明,无论是 649 个方案,还是合并后的 260 个手势,用户都因为任务的不同而倾向于特定的手势类型(见 4.2.1节),而因为设备造型的不同而更多地采取特定类型手势的现象并不突出。9 种

表 4-8　任务设置和设备的造型(物理可供性)对手势启发结果的影响

手势启发频次	卡方	任务间差异	造型间差异
所有方案中三种手势类型(自由手势、操作型手势、接触型手势)的频次	χ^2	45.07	5.87
	p	* * *	0.21
所有手势中三种手势类型(自由手势、操作型手势、接触型手势)的频次	χ^2	12.51	1.34
	p	*	0.85
11 个最常见手势出现的频次	χ^2	44.46	23.27
	p	* *	0.28

注:* $0.01 \leqslant p < 0.05$,* * $0.001 \leqslant p < 0.01$,* * * $p < 0.001$。

组合中都出现的手势共有 11 个,它们出现的频次因任务而不同的程度也要大于因造型而不同的程度。另外,在评分过程中,被试者也没有体现出在手势类型上的偏好,优选手势得分的排序之间没有显著差异(Kruskal-Wallis test: $\chi^2_{(N=52)} = 2.05$, $df = 2$, $p = 0.36$)。这说明被试者的思维是开放的,实验没有受到固有偏好方面变量的干扰。

4.3.5　手势评价实验

为了检验上述方法得到的手势的实际体验效果,并且初步评估设计方法的程序正确性,研究者组织了一套在实验室环境下测量手势的可学习性与多任务处理绩效的实验流程。评价实验包括组装可交互原型、招募用户、沉浸式学习与正式测试四个部分。

可交互原型的尺寸和发泡模型基本一致,长宽高不大于 14.5 cm×8 cm×8 cm。原型外壳为木质,内嵌有 Arduino Uno 适配的 player mini 模块与各式传感器元件,其型号有 DFRobot SEN0285、SEN0187、SEN0202、DFR0030 等。实验招募了 16 名来自非计算机专业且从未体验过手势操控的用户作为被试者,其内容是让用户在打字的过程中执行手势,因此所有被试者都不能有长期打字工作的经验,也不能有因玩游戏等的需要而熟练地使用快捷键的经验,且所有被试者的惯用手都是右手,以免被试者突出的个人技能致使实验结果失真。

实验分为两个阶段,第一阶段是展示手势操作令被试者记忆和学习,第二阶段是正式测试。具体的实验流程如下。

在第一阶段,被试者观看 9 个手势的视频演示,每个手势的演示时间均为 20 s。他们可以自由地调配观看、学习的顺序,并随时拖动进度条。摄像机记录被试者观看的全过程,事后通过计算被试者在单个手势的演示那一段停留的时间,得到各手势的学习时间以及被试者总的学习时间。当被试者觉得已经完全掌握了这些手势时,便可告知主试人员,接着由主试人员提问,按照与演示视频不同的顺序依次询问手势应当如何执行。如果被试者回答有误,就要重新观看相应的视频片段,而这些时间也会添加到学习时间中去。

在第二阶段,被试者要在全神贯注打字的同时,根据声音提示去执行手势,触发相应的互动效果。实验规定,被试者坐在笔记本电脑前,保持正坐挺胸,前胸离屏幕间距为 50 cm。在首轮测试时,可交互原型放置在被试者右侧,离电脑边缘直线距离 25 cm,此时被试者用右手进行手势操控;而第二轮测试考察左手操控的状况,故将原型置于左侧镜像距离处。这样,每名被试者要完成 9×2＝18 次测验,总测验数为 288 次。图 4-13 是单次测验活动时间表的示例。按照要求,一次测验的时间不超过 20 s,包含 25 个随机出现的英文大写字母。被试者的主任务是要在该时段内将屏幕上快速闪现的字母依次输入到文档内,这些字母的字体为 Arial,每个字母在高度上约为 42 像素;显示区域长约 18 cm,宽约 10.1 cm;屏幕亮度为标准 220 cd/m²。每个字母完整显现的时间是 600 ms,出现和消失的时间各为 100 ms,下一个字母的出现和前一个字母的消失之间没有时间间隔。在 20 s 时间内,被试者要尽可能多地输入自己观察到的字母,并减少打字的错误和遗漏。该任务是选择反应(choice reaction)测试[232]的一种形式,即从多个选项中选出对刺激物的正确反应,在难度上要大于一般的直接反应。

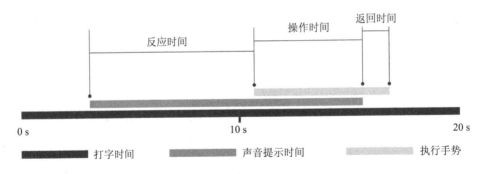

图 4-13 单次手势评价实验的时间表

在主任务开始后,被试者将听到扬声器发出的声音提示,它们表示着不同的交互任务(喧闹的摇滚代表"下一曲",警笛声代表"静音",而舒缓的抒情乐代表"快进一段")。正式测试前被试者还要能熟练地分辨这些提示音,以便尽快地用一只手去操控交互装置实现相应的功能。于是,从声音提示出现到被试者手指脱离键盘的时间属于反应时间,而整个操控分为手势执行时间和返回时间。如果手势错误或者执行得不标准,声音就不会终止。另外,声音提示出现的时间节点是随机的,但不会晚于 10 s,这样被试者能有充足的时间完成手势交互。

16 名被试者将面对的任务-造型组合出现的顺序经过了拉丁方排列,从而将顺序效应(order effect)降到最低。为了防止被试者默记已经测验过的组合，然后在最后一两次测验开始前根据原型的造型预先猜到其对应的任务，研究者谎称组合的出现是随机和重复的。通过以上的流程和设置，实验消除了绝大部分影响因变量的内在和外在因素。

实验的评价指标包括：学习时间、主任务正确完成数、反应时间、操作时间及返回时间。实验结果如下。

学习时间：被试者学习全部手势所用的平均时间为 206.25 s($M=187.50$ s，$SD=109.08$ s)。从标准差数据可知，被试者的表现有较大差异，这可能是由于部分被试者过于紧张、认真而主动反复演习熟记，从而放大了总的学习时间。在单个手势方面，针对 A2、A3、C1 组合的手势的学习时间更低(Friedman test：$\chi^2=58.70$，$p<0.001$)，这表明手势集内部成员的可学习性参差不齐，部分手势更容易被用户自然地理解和记忆(图 4-14)。

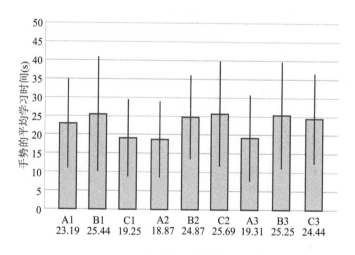

图 4-14　各手势的平均学习时间

主任务正确完成数：测试结果表明，无论执行哪种手势，主任务完成的正确率均没有显著差异($F_{(8,279)}=0.273$，$p=0.974$)。主任务正确完成的平均次数为 21.68 次[图 4-15(a)]，算上回忆和使用手势的瞬间产生的错误输入和遗漏字母的数目，总的完成率依然是较高的。这一结果反映出手势操控不会严重扰乱用户的观察和反应，人们完全可以一边聚精会神、手眼并用地执行主任务，一边操作这些手势。

反应时间：在听到声音提示后，被试者立即执行手势所需的时间彼此之间没有显著差异（$F_{(8,279)}=0.591$，$p=0.785$）[图 4-15(b)]，这说明在测验进行中被试者对各手势的自然反应速度是相近的。就平均值而言，B2 的"轻推"和 C2 的"遮掩"两个手势所消耗的反应时间略长，用户使用它们的下意识程度略低于其他手势。

操作时间：剔除 13 个失败测验（即真阴性，在 20 s 内未用正确手势操控原型设备），包括所有的假阴性结果在内，手势作为自变量对操作的时间不构成显著影响（$F_{(8,266)}=1,193$，$p=0.303$）[图 4-15(c)]。这一结果表明，手势对肌肉运动量的要求可能差异不大，换言之，各手势的操作负荷被控制在较平均的水平内。

返回时间：数据显示，各手势在返回时间上有差异（$F_{(8,266)}=5.939$，$p<0.001$）[图 4-15(d)]。事后检验发现，从触发了设备的反馈起到手回到键盘上为止，"悬停"和"遮掩"两个手势所花的时间比其他手势的明显要多。从视频记录可以得知，这两个手势的静止特征很强，导致被试者不能像动态性强的手势那样快速地顺势收回手掌，反而总是要暂停一会后再收回。

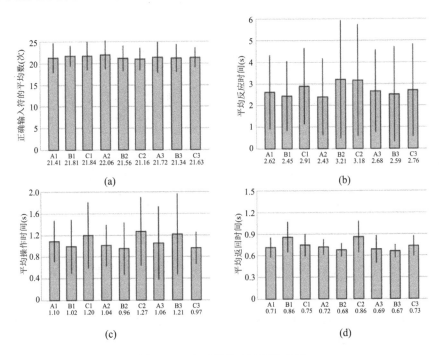

图 4-15　各手势的实验评价结果

最后,左右手操作的比较结果显示,左手操作的主任务正确数要略高于右手,且差异比较显著(Mean difference＝0.729,SE＝0.361,p＝0.045)。这可能是由于被试者在第二轮测试时对各个手势的掌握已经相当熟练,而这一结果也恰恰说明他们在使用非惯用手完成任务时的良好效果。在其余所有的指标方面,左右手的使用都无碍于操作的绩效(表 4-9)。这意味着评选出的所有手势都能适合不同惯用手的用户人群。

表 4-9　任务被试使用左手和右手执行手势对评价指标的影响

评价指标	交互效应		惯用手变量的主效应	
惯用手(左/右手)和手势任务组合(9 个水平)对主任务正确完成数的影响	$F_{(8,270)}$	0.661	$F_{(1,278)}$	4.071
	p	0.725	p	＊
惯用手(左/右手)和手势任务组合(9 个水平)对思考时间的影响	$F_{(8,257)}$	0.865	$F_{(1,278)}$	0.005
	p	0.547	p	0.945
惯用手(左/右手)和手势任务组合(9 个水平)对操作时间的影响	$F_{(8,257)}$	1.247	$F_{(1,265)}$	0.104
	p	0.272	p	0.747
惯用手(左/右手)和手势任务组合(9 个水平)对返回时间的影响	$F_{(8,257)}$	0.454	$F_{(1,265)}$	1.372
	p	0.888	p	0.243

注：＊$0.01 \leqslant p < 0.05$。

包括定量的实验结果在内,研究通过这一应用案例还获得了几条有价值的发现:

(1)如果不经历意象图式编码和专家评分的步骤,仅仅选择用户提出频次最高的几种手势,并让用户从中进一步选择最偏好的方案,研究结果会有所不同。在手势启发阶段用户提出的最高频手势当中,只有针对 A3 和 C1 两个组合的成为最终评选出的手势。在用户提出的前五高频手势当中,有 29 个成了优选手势,占比为 55.8%;反之,优选手势在初次启发时出现频次的平均排序为5.94。这些结果说明,以频次为依据的用户自定义法和基于意象图式编码的协同设计法所导出的手势不完全一致,用户的偏好和专家评价之间的龃龉也说明了双方分工与协作的必要性。

(2)用户在给优选手势评分的时候,可能对使用情境的理解不够深刻,加上部分用户缺少有关手势操控的体验,于是有概率选出不是那么自然或者可用性不强的方案,却忽视了优选方案中真正可取的选项。一些手势较长的学习时间及反应时间、返回时间都说明了这方面的问题。

(3) 在象限 1 所定义的手势类型和情境约束的框架下,用户在构建相应的手势意义的过程中,存在较严重的激活 COMPULSION 图式的倾向。包括很多"空中一点""挥手""一拍"之类的手势在内,有多达 230 个方案被编码为推力图式,占总数的 35.4%。这说明用户更期望这些手势能和任务之间形成强制性关联,把这些手势变相地看作和点击、按按钮类似的输入行动,而不是通过手势完整地诠释任务的语义。另外,任务对意象图式的激活有直接影响($\chi^2_{(N=544)} = 52.69$,$p < 0.001$)。例如,与翻页近似的"下一曲"所对应的手势出现 IN-OUT 典型意象图式的比例明显更高,而"快进"任务则不太可能激活该图式。相比之下,设备的形态对图式激活类型的影响显著性略低($\chi^2_{(N=544)} = 19.96$,$p < 0.005$)。出现于所有组合的四种意象图式中,只有 COMPULSION 的激活受任务影响不明显。

(4) 极少数用户手势有隐式交互的特征。例如,有被试者认为,把头偏过去象征"不喜欢、不要"的含义,它既可以代表"暂停/静音"的语义,又符合人最自然、最下意识的习惯,与之相仿的提案还有"跺跺脚"之类。如果被试者对隐式交互的解释是从非目的性行为的交际作用和潜在交互机会出发的,而不是语义联结,该解释就不符合意象图式编码的基本条件。

4.4 设计案例 2:驾驶情境下的微手势指令设计

4.4.1 任务设置

案例 2 设定的情境是:驾驶员边控制方向盘,边通过手指或整个手部的轻微活动发出操作指令。此时,驾驶员不仅要发布指令,还要保持对视野内信息的全局搜索,同时注意确认交互任务完成的系统反馈(实时状态变化、音效提示、HUD 显示等)。实验招募了 26 名普通用户,整个设计过程遵循方法的 4 个模块。

在设计之前,研究者首先搜集了手势研究中常见的任务。我们参考了大量手势启发实验中的任务序列,以 Chan 的研究为蓝本,共预设了 34 个任务,它们被分成 6 大类。在重新描述了分类依据后,将转变(transform)、编辑(editing)和选择(selection)3 种类型的任务归为"内容管理",这些任务的目的是处理、移动或改变数字内容的性质。将菜单(menu)和浏览(browsing)合并成"页面管理",这类任务的效果是在页面间切换和操作页面内显示信息。模拟(simulation)类型相当于"属性管理",负责信息的显示和输出信号属性的改变。

本研究选择了大部分手势启发实验都涉及的并且对司机而言属于较高频任务的指称,最终提取了 12 个任务(表 4-10),它们也是导航、娱乐、社交等应用中会经常使用的任务。内容管理包括确认/接受(accept)、拒绝/删除(reject/delete)、复制粘贴(copy and paste)、发送(send)和保存(save),对象形变的任务(如旋转等)暂时全部被排除在外。页面管理类包括返回菜单、缩放(zoom in/out)、滚动(scroll)、上下页(previous/next)。属性管理类有快进(fast-forward)、调节音量(volume up/down)以及暂停(stop)。这些任务中有一些(如上下页)是双配对任务(dichotomous pairs),而暂停属于状态切换任务(state toggles)。

表 4-10 行车场景下握住方向盘时所执行的微手势所对应的交互任务

编号	任务名称	任务内容
1	确认/接受	相当于确认要执行的事项,接受请求
2	拒绝/删除	回绝、取消执行事项的请求或删除对象
3	复制粘贴	移动文件、标记或信息的位置
4	发送	将文件、意图或各类信息传递给其他人
5	保存	存储或收藏文件、信息资料、网页等
6	返回菜单	使系统退回到主菜单页面
7	缩放	增大或缩小可视对象的显示
8	滚动	按一定的顺序浏览单个或多层页面
9	上下页	在上下相邻的页面或处理项之间切换
10	快进	调节媒体文件播放的时间进度
11	调节音量	在一个区间内部调节对象的属性值,如音量、温度
12	暂停	使目前选定的进程停止

4.4.2 握姿状态下微手势的人机工学问题

前文已经提到过,握姿状态下微手势的应用场景不仅只有驾驶,如果仅以操控个人交通工具而论,研究设定的考察对象至少还要包括适合边骑自行车边完成的微手势。为了让手势可以被不同尺寸和厚度的被握物体所兼容,研究者在需求文档中标明了被握物体的截面直径区间,令被试者定义能在不同的握姿和手腕旋转角度的情况下使用的手势指令集。一般而言,被握物体截面直径的不同会导致四种握姿(图 4-16),很显然,只有在截面面积足够小且被握物体为杆状的时候拇指方能和其余手指相接触。Wolf 称这种情况为形式依赖限制(form-dependent limitations),即方向盘、把手等直径的差异限制了拇指和其他四指共同完成一些动作的能力,而人手掌的尺寸也各有不同[229]。结合这两点来考虑,拇指和其余四指指尖相接触、摩擦的手势会在人机工学层面削弱手势集的通用性,因而在指导环节不允许被试者提供类似的方案。除此之外,被试者给出的方案还要考虑 Wolf 提出的针对握姿状态下微手势的几项设计要点[229]:

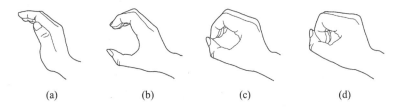

(a)   (b)   (c)   (d)

图 4-16　被握物体截面直径的不同导致握姿的改变

肌肉僵硬(grasp stiffness):长时间保持握姿会导致肌肉疲劳,动作迟钝。方向盘既然附着于车身,驾驶员对其的控制就能更加随心所欲,不用一直紧紧握住。实际上,在很多时候人们不采取标准的握姿,甚至只把手搭在方向盘上靠掌心推动。

手指活动能力(digit-dependent limitation):手指的灵活性和屈伸能力各异,研究证实食指和拇指的单独活动能力更强,更适于下意识地表达手势。由于中指和无名指缺少独立的屈肌和伸肌且由腱间结合连接,它们单独的活动能力都不佳,特别是无名指,活动能力最弱,所以不建议出现无名指参与的手势方案。

认知工效学(cognitive ergonomics):手势的动态和它代表的意义之间的联系是其易学性和直觉性的根本来源。手势作为语义表达的形式往往牵涉方位隐喻,然而,用户握方向盘的位置和姿势的随意性使得垂直面上手的上下左右等方位界限变得模糊。微手势最好不要让用户把应该滑动或敲击的方向弄混,或者造成指向上的其他错误。

防错(error-proofing):防止无意识行为被误认为有意义的手势。比如,顺着音乐打节拍时,人们会下意识地抖动肢体并敲打某个附近的物体或平面,这样过于简单的手势不宜被用来表示有特殊含义或者缺少场景限定的任务。有研究表明,手势易错的程度与其自然的程度有时会成正比[233],这两者的辩证统一关系是非常值得在设计过程中注意的。

4.4.3　设计过程

研究者为被试者提供了一个基于上述要点的握姿状态下微手势的可能性集合,共穷举出 140 种手势,它们一部分采集自现有的研究、文献,一部分来自研究者通过新分类法得到的手势(附录 F)。新分类法把手势按照运动特征分为三类:空间运动(手的部分完全在空间中运动)、摩擦运动(手的部分运动的轨迹是在手的其他部分或周边设备的表面)和接触手势(手的部分在接触到手的其他部分或周边设备的表面时即停止)。被试者可以从中挑选手势,将其指定到任务上,也可根据需要设想新的手势。

在给予被试者关于穷举手势的资料和相应的指导后,按照实验 1 的步骤开展后续工作。模块 1 结束后,共得到 378 个手势方案,相当于平均每名被试者给每个任务贡献 1.21 个方案。和实验 1(组 1:2.82 个,组 2:2.31 个,组 3:2.62 个)相比,这一数字减少得非常明显,可能是因为任务数量的急剧增多令被试者更难以给所有任务分配有限的偏好手势,所以尽管研究人员做了足够充分的准备,但大部分被试者对于单个任务只说了他们认为最合适的方案。

意象图式编码结果表明,越是在语义上容易让人联想到在界面上的具体操作行为和手势操控的任务,意象图式的分类越少;相反,越是在现有的界面上依靠文字指示并多以按钮形式完成的任务,意象图式的分类就越多。前一类任务包括确认/接受、返回菜单、缩放、滚动、上下页和调节音量,后一类任务有发送、保存等。在模块3,设计人员按照既定的标准流程完成打分。同实验1不一样的是,本实验大部分的手势只是手指的活动,因而经典的RULA计分表将不适用于对容易度的评价。在这里研究引入苏润娥等[234]所改进的RULA,它专门针对手指操作的评价标准(附录D)。该版本的RULA将手指运动得分分成肌肉使用、力负荷和姿势三项,总分最高为7分,其中肌肉使用分由长时间保持某个姿势的静力分和操作频率分组成。考虑到该表的分数不能和10点量表等比例折算,在实际评分时建议设计人员仅以RULA分是否异常来确定主观量表的结果,对其予以必要的修正。最终,实验得到12个代表用户群体偏好的手势。图4-17是各手势动作特征的示意图,成功识别它们的条件见表4-11。

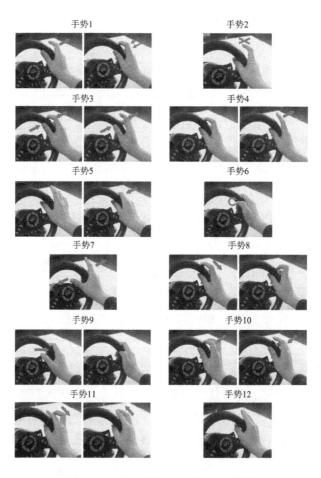

图4-17 设计得到的12款微手势[234]

表 4-11　选取的手势及其触发条件

编号	手势描述	触发条件
1	食指双击	指尖接触到盘体并施以一定的压力
2	画一个 X 符号	指尖在空中画出两条成角度的线段
3	食指和中指依次同拇指一起按压盘体	两指指尖均接触到盘体并施以一定的压力
4	食指点击盘体,继而快速抬起	食指第二、第三指节舒张成一定角度
5	五指张开后紧握方向盘	五指指尖均不接触盘体
6	拇指以顺时针方向画一个圈	指尖以一定速度画圆,如 leap 可识别的画圈手势
7	拇指和食指伸直并向外展开	同上
8	食指指尖在盘体上移动	指尖接触到盘体并持续移动一段距离
9	拇指呈左右方向运动	指尖以一定速度在空中平移
10	食指和中指交替轻敲盘体一次	两指指尖均接触到盘体
11	中指弯曲,指尖贴着食指右侧屈伸移动	指尖接触食指皮肤
12	食指和中指同时竖起	两指的第二、第三指节均舒张成一定角度,且指间保持间距

4.4.4　手势评价实验

4.4.4.1　选择被试者

18 名年龄平均值为 22.111、标准差为 3.530 的志愿者(10 男/8 女)参加了微手势的易学性和快速反应测试,另外 10 名被试者参加了预测试。所有被试者的惯用手均为右手。他们既未操作过微手势交互,驾龄也未超过 1 年,也没有车载手势控制的经验。在招募时,潜在被试者将预先看到测试材料的画面片段,他们要确定自己没有玩过任何第一人称的驾驶游戏或参与过类似的驾驶模拟测验。此外,所有被试者的双目视力不低于 0.8(E chart 标准)。

4.4.4.2 实验材料与方法

实验室环境包括桌椅、笔记本、摄影机和驾驶模拟套件。为了尽可能贴近真实场景,椅子和正前方笔记本的位置是固定的,保证被试者正常就座后身体正面和屏幕的距离约为(60 ± 5) cm。模拟套件包含一个方向盘,一个挡位杆和刹车、油门踏板。两个摄影机从对向角度拍摄整个测试过程,另一个置于桌面下方,保证能同时拍到整个屏幕内容、被试者的全身和无遮挡的手部、足部动作。

电脑屏幕上显示的模拟驾驶视角的视频来自 3D Instructor 游戏录像。研究者截取网络视频后,用编辑软件添加了包括图标和声音元素的提示信息以用于测试。笔记本的型号是 ASUS K550J,配有 1 920×1 080 pixels 分辨率的显示屏,视频的分辨率为 1 920×1 080 pixels。这一系列人机尺度和设备的设置确保了实验环境对真实驾驶感受(不是视野)的仿真效果。

评价测试由三个阶段组成:学习、训练和实测。时间一般不少于 1 h。

在进入学习阶段前,实验者向被试者介绍测试过程,特别强调测试结果与对被试者个人素质的评价无关,从而尽量消除其紧张感和追求完美的心态。此外,我们为有自由度(放大、快进等)和方向性(滚动)的手势设定了一个操作的定值,让被试者在训练和实测时按这一标准执行手势,以保证操作条件的一致。因此,评价测试中放大、快进和音量 3 个任务的完成标准分别是放到最大(拇指、食指成 90 度角)、快进一次(食指、中指交替敲击一次)和调节音量到最大/最小。提供给被试者的学习视频的内容时长为 2 min 24 s,每个手势的演示时间为 12 s,它包括一次正常速度的演示和一次带有手势意义解释的慢速演示。被试者在观看第一遍展示后,开始对照着显示屏边缘粘贴的写有任务列表的便签学习。当其自认为完全掌握后,就可告知实验者,并进入训练阶段。

训练阶段的内容是让被试者重复地匹配手势和任务,来强化初次记忆并为实测阶段做准备。训练分为两个步骤,考虑到被试者在记忆时会以熟悉的意义形式(即任务的文字描述)为参照,首先实验者会以随机的顺序向被试者演示手势,让其回答它们对应的任务。此后,再以随机顺序让被试者演示任务所对应的手势。被试者第一次回答错误或者无法回忆起来都算作答错,他们会被建议重新观看学习视频,直到自己确认完全掌握为止。在开始测试之前,还有一次默想和私下尝试的机会,然后立即进入测试程序。

测试的主任务运用 Peripheral Detection Task(PDT)[235] 而不是变道任务(Lane Change Task,LCT)。相对于变道任务,PDT 对新手产生的学习效应较弱;此外 PDT 也更适合考察次要任务对主任务工作负荷的增加水平,从而判断完成任务的自然和下意识程度。

测试时,被试者一边观看模拟视频,一边要留意观察视野区域[图 4-18(b)]中出现的约 3 mm×3 mm 大小的黄色三角形标记。视频全长约 12 min,标记在随机时间和随机视野区域(即视觉兴趣区)内共出现 150 次,刺激的间隔时间不少于 1 s,被试者一旦观察到刺激就要立刻反应踩下刹车踏板。测试的难度在于有时视野景色和标记的色差很小,且标记每次出现 500 ms 后会消失。150 个刺激会平均地分配到视觉兴趣区的左(水平角:-16~-5.33 度)、中(±5.33 度)、右(水平角:5.33~16 度)3 个区域。这一设置迫使被试者不停地扫视和用余光观察整个屏幕,不敢懈怠,等于是模拟驾驶员的观察模式。实验者预先提醒被试者不要对不确定的刺激做出反应,同时也会根据注视轨迹来判断被试者反应的正误。正式测试开始前让被试者执行一次预热和一次 PDT 测试,再将 PDT 测试结果作为基准数据记录。这两次测试所用的视频的驾驶线路和刺激数与正式测试时相同,刺激出现的位置也相同,只是出现的时间不同。这样正式测试时相同位置刺激的出现顺序就和 PDT 测试不同,被试者受延滞效应影响较小的同时,并不会因为刺激位置的变动而额外增加或减少对主任务的关注度。在定义实验材料的参数之前,研究选取了 4 个尺度的参数(17×17 pixels, 500 ms;25×

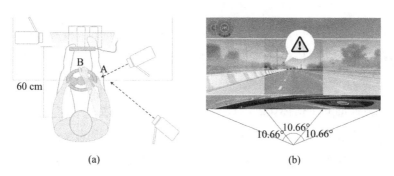

(a)　　　　　　　　　　　　(b)

图 4-18　手势评价实验的环境示意图与测试材料

25 pixels,500 ms;17×17 pixels，750 ms；25×25 pixels，750 ms)让被试者进行预测试,通过 NASA-TLX 脑力负荷量表的得分来确定哪种参数的实验难度比较适中。结果显示,在屏幕亮度为 220 cd/m² 的条件下,17×17 pixels,750 ms(包括出现与消失时间)的刺激参数观察难度最适中(平均分最接近中值)。

正式测试要求被试者在观看视频的同时根据随时出现的声音提示(如"下一页")执行相应手势。12 个任务会被一一提示,称为一组,共进行 4 组(R1,R2,R3,R4),每位被试者一共要完成 12×4＝48 次测试。而且,每组内任务出现的顺序按拉丁方设计排列,使得每名被试者的测试顺序抵消平衡,且与学习视频及训练阶段的顺序都不相同。任务出现的间隔最少为 4 s。被试者第一反应时执行了错误的手势或没有反应都被视为误操作。为了进一步削弱学习效应,视频中感受到的行车速度逐渐加快,这是为了给无驾驶经验的被试者制造紧张感,增加其分心的可能性。

被试者按握方向盘姿势的不同,对半分为两组[图 4-18(a)]:一组(5 男/4 女)双手握住方向盘的 3 点和 9 点钟方向(组 A);另一组(5 男/4 女)右手单手握住方向盘的 12 点钟方向(组 B)。我们暂假设手部姿态的方位改变可能影响非司机的操作直觉,在数据分析时比较了两个组测试数据上的差异,这样,研究可以确证手势集能否允许用户在不同的握姿下灵活自如地操作,无须再以方向盘上固定的某一部分作为特定触控手势的感应界面。

4.4.4.3 评价指标

评价测试的主要目标是验证普通用户对预定义手势集的短时学习效率和在主任务干扰下是否能用较低的注意力水平、凭借直觉执行正确的手势。根据可用性分析原则,总结性评价数据(summative data)涉及学习难度、操作效率、学习效果三方面的 6 个指标(表 4-12),以视频逐帧分析为主,暂不包括安装固定或穿戴式感应装置去检测识别率。由于没有系统反馈,被试者将不知道自己执行的手势是对还是错,这就使得测试结果完全地排除了学习效果,被试者无法边测试边巩固记忆和修正错误。测试的高强度还会使被试者在仓促间为求完成任务而快速、随意、不规范地执行手势,这对无识别装置条件下确认手势是否正确带来了挑战。对此,研究者通过动作分析(postural analysis)和动素从视觉上判断被试者的演示与标准手势的吻合程度。

表 4-12　实验 2 的评价指标

总结性数据指标		指标内容
学习难度	学习时间	被试者观看每个手势的演示视频的总时长
	训练阶段的回答正确数	训练阶段被试者正确匹配手势和任务的次数
操作效率	手势执行的反应时间	正式测试中,声音提示出现和被试者正确执行手势的时间间距
学习效果	手势执行的正确数	正式测试中,被试者正确执行手势的次数
	主任务刺激的遗漏/误触数	正式测试中,被试者未能对刺激物做出正确反应的次数
	主任务刺激的反应时间	正式测试中,刺激物出现和被试者做出正确反应的时间间距

此外,研究还衡量了被试者的主观满意度。问卷采用 7 点李克特量表,被试者需为每个手势的易学性、直觉度、容易度和对手势集的整体满意度打分。

4.4.4.4　数据分析与结论

测试数据显示,在学习时间方面,手势集各成员的内部差异显著($\chi^2_{(N=18)} = 69.661$, $\mathrm{d}f = 11$, $p < 0.001$),其中返回菜单耗时最少,复制粘贴耗时最久(图 4-19)。被试者普遍觉得保存、快进、复制粘贴手势和自身所熟悉的交互方式有较大的差别。从混淆矩阵中可以看到,11 名被试者答对了所有手势所表示的功能,8 名被试者正确演示了所有的手势,6 名被试者两次训练的答案全对(图 4-20)。18 名被试者错配功能 7 次,无法回答的有 4 次;错配手势 6 次,无法正确演示的有 9 次。12 个手势中表示"上下页"的拇指左右滑动竟然是错误数最多的,有 5 名被试者不约而同地弄反了滑动的方向,这些被试者表示自己习惯于手机的交互方式,通过从右向左滑动"推走"当前页来进入下一页。

在学习效果方面,首先手势对演示正确数的影响不显著($\chi^2_{(N=18)} = 15.434$, $\mathrm{d}f = 11$, $p = 0.163$)。经过一段时间的学习和训练,被试者基本能在正式测试时熟练地根据声音提示准确地执行手势(图 4-21)。而在反应时间上,重复测量方

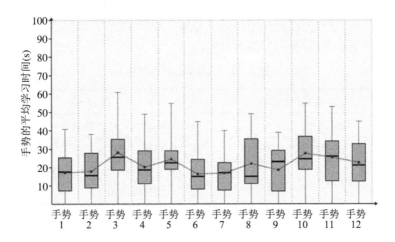

图 4-19 各个微手势的学习时间

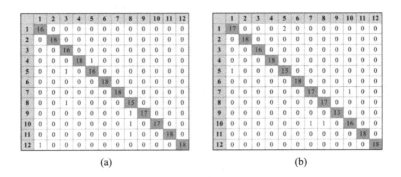

图 4-20 手势和功能匹配的回答正确数

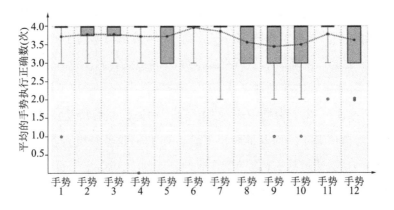

图 4-21 手势执行的正确数

差分析表明,不同手势反应时间的差别(图 4-22)有统计学意义($F_{(11,204)}=$ 2.026,$p<0.05$)。事后分析发现,这一结果主要是被试者对代表"快进"手势的反应时间普遍过长所致。随着测试的推进,被试者对声音提示做出手势反应的速度逐渐变快(R1—R2:Mean difference=0.084,$SE=0.47$,$p=0.079$;R1—R3:Mean difference=0.168,$SE=0.46$,$p<0.001$;R1—R4:Mean difference=0.269,$SE=0.42$,$p<0.001$),说明他们很快就适应了这些操作方式。

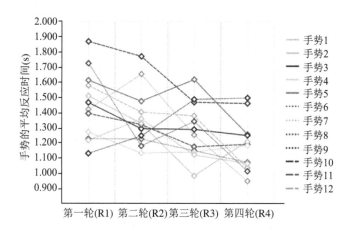

图 4-22　手势执行所需的反应时间

在学习效果方面,研究还发现使用意象图式编码法设计出的微手势和不使用对于刺激的遗漏数的影响有显著差异($Z_{(18)}=-3.313$,$p=0.001$),但是两者误触数上的差异则不显著($Z_{(18)}=-0.632$,$p=0.527$)。具体说来,被试者在正式测试中遗漏的刺激集中于屏幕左右两侧区域。与中间区域的刺激数相比较可以发现,PDT 测试和正式测试的差异不显著($t_{(18)}=-0.595$,$p=0.560$),这意味着手势的加入仅仅削弱了驾驶员不停转移视焦去观察在兴趣区外围的刺激的效率。另外,被试者对主任务刺激的反应时间彼此间没有显著差异($t_{(18)}=-0.698$,$p=0.495$),这也表明手势对驾驶员集中注意力观察和驾驶的影响有限(图 4-23)。

组间比较显示,被试者的握姿对手势的正确数($U_{(18)}=26.5$,$p=0.222$)、刺激的遗漏/误触数(遗漏数:$U_{(18)}=36$,$p=0.730$;误触数:$U_{(18)}=26.5$,$p=0.222$)以及反应时间($Z_{(150)}=-1.376$,$p=0.169$)都没有直接影响。除代表

"保存"和"滚动"的两个手势(5 和 8)以外,其余手势的反应时间在两组间均无显著差异(图 4-24)。

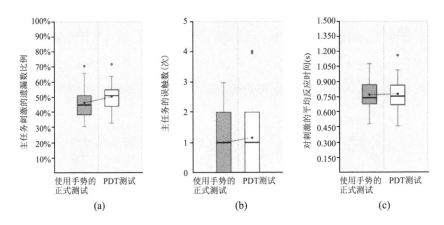

(a)　　　　　　　　　　(b)　　　　　　　　　　(c)

图 4-23　手势执行时视觉搜索任务的完成结果

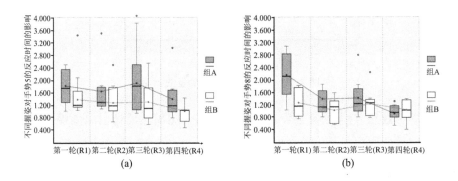

(a)　　　　　　　　　　　　　　(b)

图 4-24　两组反应时间受握姿影响的手势

以上结果充分说明,用意象图式编码法得到的用户定义手势在可用性指标上有较强的内部稳定性,并且对重点区域视觉搜索的效果的影响比较有限;同时,这些手势能通用于两种不同的典型握姿。总体上,被试者对于这一交互方式感到满意(图 4-25)。但是,改变评分策略并没有使得手势的易学性维持在同一水平。主观评价结果也表明,被试者认为手势集各成员的易学性($\chi^2_{(N=18)} = 47.227$, $df=11$, $p<0.001$)、直觉度($\chi^2_{(N=18)} =41.100$, $df=11$, $p<0.001$)和容易度($\chi^2_{(N=18)} =46.812$, $df=11$, $p<0.001$)差异较大(图 4-26);三者之间有比较显著的相关性(表 4-13)。

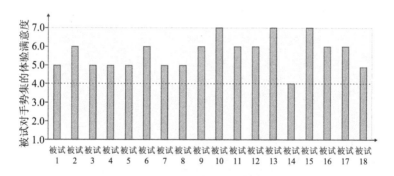

图 4-25　被试者对微手势交互的满意度评价

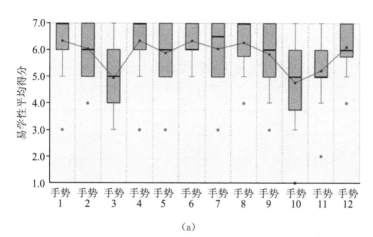

(a)

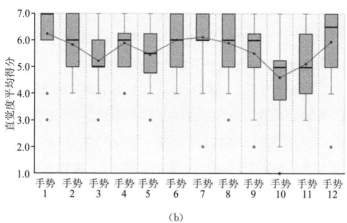

(b)

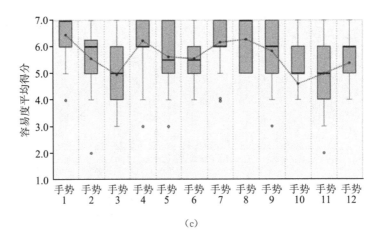

(c)

图 4-26　各手势的主观感受得分

表 4-13　用户主观评价结果的相关性分析

评价指标	易学性	直觉度	容易度
易学性	—	0.690***	0.623***
直觉度	0.690***	—	0.654***
容易度	0.623***	0.654***	—

注：*** $p \leqslant 0.001$。

与实验 1 相比，实验 2 的结果不仅延续了之前的结论，还显现出一些新的问题和趋势。

第一，专家指导下的评分所挑选出的手势基本通过了所有的评价指标，实验证明了它们能够在比较极端的条件下被使用者自然地完成。但是，在用户看来这些手势的学习难度是有明显区别的，对他们来说，客观测试结果不能代表用户对手势的第一印象，也不能反映熟练掌握它们所需的时间和脑力成本。

第二，被试者所提出的握姿状态下的微手势当中，存在 legacy bias 现象的比例明显高于实验 1。由于手要保持住固定的姿势，很多被试者觉得很难给如此多的任务赋予既简单又好记的手势，于是他们干脆给不同的任务分配相同的手势，或者在已定义的手势的基础上稍做改动，进行自我模仿（如把单击改成双击、食指点击改成拇指点击）。这样带来的一个后果是，被试者在描述手势所基于的先在经验时所花的时间更长，因为他们往往要临时回忆哪些过往经验在事件结构上和手势的语义相对应。

第三,正是由于上述现象,受实验 2 启发得到的手势不仅数量较少,先在经验的多样性也比较缺乏,最终导致意象图式识别的结果可靠性较低。在实验 2 当中,COMPULSION 图式再次广泛出现,这与实验 1 的结果是相同的。

第四,被试者所指定的握姿状态下的微手势包含相当数量的有文化含义的手势,并且大量地用转喻的手法,用源域事物的典型特征指代目标域的手势语义(如表示"返回菜单"和"快进"的手势),这一点和实验 1 的结果大不相同。和隐式交互行为一样,有些基于文化含义和转喻思维的手势很难被编码为具体的意象图式。这样的手势在手势集中的占比为 11.9%。

4.5　对基于意象图式编码的设计应用的讨论

经过以上设计应用的实际检验,研究认为,基于意象图式编码的方法所设计出的手势能适应使用者注意力分配量相对极低的条件,同时意味着这些手势可以在缺乏长期训练的情形下被用户快速地回忆起,反映了它们在习得后的自然使用程度。然而,定量结果上的积极并不等于说文章提出的设计方法被证明完全可靠。通过观察设计过程以及比较两次设计应用与实验的数据,研究发现,本书的方法论假设在程序细节和理论基础上还存在值得商榷之处。

4.5.1　从方法的模块和工作策略方面

实验结果在一定程度上说明,传统的用户手势启发法有其天然的局限性。一方面,传统的手势启发在设问方式上存在实验者效应,对被试者有潜在的诱导作用;另一方面,手势启发法缺少需求分析,往往预设的是比较静态的、理想化的情境,这样就不能有效地选择那些用户最迫切需要的交互任务,进而使得一些较不常用或者语义重复的任务存在于任务列表,结果出现了一些不利于自然交互的问题。

手势启发法的设问是通过描述任务完成后的效果和交互上的反馈,让用户逆推实现这样的效果最好的行为输入方式。包括预试研究在内,案例 1 和案例 2 在设计阶段的设问方式都是如此。但是,手势解释的口语报告显示,这种比较模式化的思维过程容易致使被试者提出"临时性的偏好"。也就是说,被试者根据自己对交互任务所实现的功能的理解,寻找到一个自己最熟悉的交互行为充当手势方案,因为这样能比较经济地应付研究者的提问。比如,案例 1 当中多次出现的"手掌在空中往下一拍"的手势。还有一种情况是被试者从界面的物理可供性出发来思考手势,如有被试者建议将条状的设备竖起来(附录 E);还有的建议将柱状的设备翻过来,就仿佛倒调料的样子,等等。从自然交互的目标上看,有些方案略显浮夸,有标新立异之嫌,忽视了对个人偏好与交互习惯的兼顾。尽管研究采取不同的方式尽可能地激励被试者揭露全部的内心活动,但单纯的设问有时并不足以获得被试者最认同的自然交互手势,这样一来,从用户手势中提取的意象图式就有可能无法完全反映用户真正的认知。一些自我模仿或者将任务与手势做强制性匹配的提案或许也是这一问题的产物。

在任务设置方面,手势启发法追求整套手势语法的定义,因而囊括了数量众多的交互效果,其带来的副作用就是学习整套手语的难度增大,并不符合现实应用的需要。况且手势要描述的内容的抽象度和它们激发人们使用手势的频率可能是负相关的。Feyereisen 等的研究数据显示,被试者用手势表达活动意象(motor imagery)的文字材料的数量要高于视觉意象(visual imagery)和抽象意象(abstract imagery)[①][236],这说明人们对空间运动的概念在手势表达上的敏感度高于其他概念,而抽象的概念无论用什么手势表示都显得别扭。设计案例中即便有意地选取了比较常用的、具体的任务指称,它们之间使用频率的差异还是会令操作者花费更多的学习成本去维持对低频手势的记忆。为了降低这一负担,对于语义上有交叉或重复的任务,被试者就可能实事求是地给它们分配同样的手势。同理,被试者为了尽可能多地贡献方案,又不得不诉诸模仿和照搬等方法。由于被试者能利用的资源仅限于研究者指定的任务列表和与之相关的自己以往的使用经验,他们实际上是在有意无意地搜索当前的、即兴的认知。这样一来,他们会很自觉地将更熟悉的手势和日常使用频率更高的任务相匹配,而用于较低频任务的方案在解释上更加牵强,在操作上也更加反自然,从相应手势集中

---

① 活动意象指事物的运行或事件在头脑中的表征,如翻书;视觉意象的主体是事物可观察到的全貌,如一朵花;抽象意象的主体则是抽象的政治、社会、组织、规则方面的概念。

挑选出的手势的易学性也相对更低。虽然一些意义不明确的或实用性低的方案几乎不可能通过专家设计师的审查,但在缺少需求调研、用例和情境分析的状况下,纯粹寄希望于用户准确地描述自己对自然交互手势的期望并不能让研究者全面地把握其认知习惯和偏好。

在上述因素的作用下,legacy bias 的现象更多时候就成为设计方法负面效应的体现。研究者试图用种种措施让用户的思考更活跃,反过来由于增大了回答量并赋予用户过多的自主性,这些措施不仅没有激发用户在自我评估自然交互手势上的创造力,还导致了数量更多的"拿来主义"式的方案。Hoff 等人的研究就指出,应用穷举和指导法后,用户自定义手势的 legacy bias 下降不明显,并且相应效果很可能为被试者的多样性所稀释[237]。本书的应用案例中被试者对很多手势的解释相当不全面,就是因为他们提出方案的依据在于找到了个人经验和当前交互任务的相似点,而不完全是发自内心的或无意识表现出的对"自然"的认同。

为了解释类似的相似点,被试者不得不用更简单和笼统的话语去描述任务的语义以及手势所反映的操作意图。例如,他们会说"这个画一下的手势,就类似于手机解锁啊、滑动关闭啊这种",当被问到二者的语义关联时,有被试者说"这不都是画一下就好了,手机上都是这样的,然后就翻到下一页了"。研究发现,这类解读任务、构建先在意图的方式非常普遍,而译员从此种解释中发现的最突出的意象图式结构当属 COMPULSION(推力图式)。与手指滑动类似的还有挥手、响指、点击、拍打、画线等手势,它们在语义解释上的共同点是:该行动相当于按钮式的指令,也就是引起效果的原因/作用力本身。在这里手势不再作为表意的媒介存在,而是作为对"发出指令"这一概念的宽泛的代指;手势的动态看上去各不相同,但实则表示的不过是一个能实现功能的输入信号。因此,被试者并没有给这样的手势赋予某种特定的意义,只是觉得它们执行起来方便,适合表现一种"心想事成"的交互风格。

研究还发现,用户似乎觉得操作型手势更容易学习和自然地使用,所以在总体比例上,操作型手势的提案(案例 1:80.1%;案例 2:75.4%)要远高于交流型手势的提案(案例 1:19.9%;案例 2:24.6%)。事实上,这一现象是 legacy bias 对用户思维无处不在的影响的又一证据。生活当中不难发现,以触屏手势为代表的操作型手势应用的普及度要高于自由手势、手语等"黑科技",人们也养成了相对固定的使用习惯。正因为日常生活中人们和交互界面的接触中使用操作型手势的频率似乎更高,从同类型任务中迁移过来的具有 legacy bias 的操作型手势的易学性和可用性都要优于用户接受度较低的交流型手势。Rico 等也发现,动幅更小、更贴近日常行为的手势在普通用户当中的接受度更高[238]。从这一角度上看,legacy bias 是手势定义可以充分利用的研究材料,是保证用户知识以最低代价迁移和复用的重要途径[239]。如果用户的手势偏好在认知上的确受 legacy bias 的影响,那么通过详细的观察、调研和访谈以取得对相应认知的充分理解对于设计者就显得尤为必要。

4.5.2 从方法的理论基础方面

对设计与实验结果的分析显示,基于意象图式编码的设计方法在理论的基础和运用方面需要深化研究。值得思考的问题主要包含两点:第一,意象图式是否反映了用户在表述行为偏好时的认知、推理以及动因上的全貌? 第二,在满足第一条的案例之中,意象图式是否能充分地代表感知运动层面具身经验的使用在用户决策机制中的地位?

第一个问题的答案是否定的,很明显,对缺乏鲜明意图表达的隐式交互、基于文化符号的手势以及运用转喻思维的手势的解释不常涉及意象图式。也就是说,用户构想这些手势的心理历程并不完全符合图 2-12 的模型中所描述的思维方式。研究发现,事件语义在结构上的迁移绝不是手势符号化的唯一和优先的心智模式。其他模式还可能有寻找情境中的下意识行为、使用手语、利用转喻衍生和利用对象的可供性。

隐式交互源自用户主动的行为,但这种行为是用户个体无意识采取的自然行为或者非目的性行为,它们通常不包含明确的交互意图,但系统根据良好的情境感知、情绪识别能力和大数据分析,可以将它们判定为特定的输入和提供服务的机会,于是为使用者提供其可能的潜在需要的功能性反馈。高度的隐式交互是系统预判人类对暂处于注意力外沿的内容有交互的必要性[240]。用户偏爱隐式交互的原因之一是它显得很"智能",虽然隐式交互对服务机会的判定如果过于随意也会违背人的实际意愿,但通过表情和肢体语言以人际交流的方式(如皱眉、咳嗽、偏过头去）展现意图是在用情绪当作指令，其中是不涉及任何意象图式思维的。

　　无论东方还是西方国家都有丰富的用手势表达约定俗成含义的文化，而同种手势的文化内涵往往大相径庭。选择了某个文化符号（如手掌垂直并前伸表示停止[241]）、宗教手势（如双手合十）或是字符号（如画删除符号[242]）的用户，在自述和接受访谈时并不会解释手势含义的流变以及背后的典故，而只会描述交互目标的字面意义和手势符号的联想意义间的转化关系。这类象征符号和任务语义的关系基本上不是由意象图式所构建的。除去有历史性、社会性和约定性的象征符外，转喻思维也利用了可联想的特征的相似性，以象似的手法表现能由任务语义直接联想到的象征符或者行动。例如，图 4-17 中的手势 10 用模仿人走路的姿势来表达快进的含义，就是选择了快进语义的认知域下最凸显的特征作为认知参照点。鉴于这类手势不适合意象图式编码，在设计实践中研究者只好将它们单独列出，统一分组为"无"，最后和优选手势一起送给专家评分。

　　研究还观察到输入界面的可供性对手势意象图式激活的显著影响，这表明可供性作为情境约束的因素之一在用户用手势表现使用意图的心理过程中起到比较重要的作用。预试研究发现，用户的自我解释会以隐喻的形式揭示他们是如何看待输入界面并在手势语义中将其概念化的。比如，显示屏和桌面有着可供性上的相似，不仅都有 SURFACE 的形态，人们还能手动地移动放置于其上的对象物。再比如，案例 1 中的 A1 组合，被试者觉得条状的长方体可以很容易地翻面，由此想到翻面的行为和播放序列到下一个之间有事件结构上的相似性（PATH 图式）。按照这样的思维习惯，图式的激活是任务理解和可供性感知共同作用的结果。人们在利用可供性时可能会潜意识地选取那些在动作形式上与任务语义接近者，而不常利用两者关系疏远的可供性。

　　由于界面的物理可供性的确会对手势偏好施加影响，而可供性也属于感知运动层先在知识的一种，因此意象图式并不完全是从根本上驱动被试者的偏好决策的因素，所以第二个问题的答案也不能说是肯定的。可供性是事物的一种性质，它使得知觉体感知到该事物容许某种潜在的可作用于其上的行为发生。人们利用可供性的能力是通过日常生活中长期和现实世界的互动积累起来的。这种互动经验一方面赋予了人类理解和改造世界，采取目的性行为的素质；另一方面也使行动者能够在类似情况下发现可供性或者用可供性去推断行动的潜在方式,而这种类比的运用又促成了意象图式认知的形成。从这个意义上看,可供性和意象图式都是感知运动层的先在知识,在自然交互手势产生模型中扮演着不同的角色。

年轻人群长期使用触屏交互的经验对手势启发中利用可供性的模式构成了重大的影响。在理论方面,这一影响表现在图 4-1 的手势分类维度上,即操作对象被分为(模拟)三维和二维两套体系。对于三维实体的用户界面和可输入区域,大量采用在二维平面上执行的手势完全是可行的,于是案例 1 当中类触屏手势(screen-based gesture)的比例高达 38.1%。被试者将手指触及的平面比作屏显内容,通过点击位置的变换、滑动方向和接触面的改变给手势添加不同的意义。随着手部可活动空间的缩小和与实物接触时间的延长,案例 2 中该类手势的比例变得更高(56.9%)。在数据方面,调查结果显示被试者以手机触控交互为先在经验的比例分别占到总方案数的 28.2% 和 35%。但是,来自不同先在经验(触屏、空间运动、操作工具)的手势类型对于被试者评价优选手势不构成直接影响(案例 1,Kruskal-Wallis test:$\chi^2_{(N=52)}=2.05$,$df=2$,$p=0.36$),这表明可供性作为在情境中激活的先在知识,其被利用的方式同样不能被视为手势偏好决策的驱动性因素。

最后,研究所设定的使用情境可能一定程度地影响了被试者对意象图式和可供性的使用,不过因为缺乏相应的变量控制,实验并没有从数据上直接证明这一点,只能做有限的举例分析。例如,在解释案例 1 中 A1 组合下的"轻敲"时,被试者认为这种交互如果转化为现实将是最快捷的,毕竟很多时候人们处于用电脑工作的状态,而抬起手或鼠标再敲一下的感觉是相当自然且不易误触发的。从被试者进一步的解释中发现,该手势体现出明显的表达性品质,在对设备发出这样的指令的同时,也传达了意图之外的个人情绪。

综上所述,意象图式理论在交互手势的设计和评价上的应用要注意来自适用域和解释力两个方面的限制。适用域指存在不能用意象图式思维去解释的手势,这些手势通常是文化上的、习俗上的,或者是无意识性的行动,人们不太可能通过事件语义的结构去反思和解释它们,遑论在实践中产生这样的认知。解释力指意象图式仅仅起到解释用户在意图表达和认知联想时知识激活特征的作用,它能从更加本质的角度归纳人类的类比思维和推理的共性。没有证据表明意象图式的使用和手势的呈现形式有某种必然联系,从任务理解中导出意象图式也不一定是用户在指定手势的决策过程中优先采取的步骤。

本章小结

本章重点考察了意象图式编码在手势启发实验上的应用情况。在定义了两组手势交互的使用场景后,通过解析手势在符号化过程中最有可能反映的意象图式并以此为分类标准,从代表相应意象图式的手势中评选出了最优者。实验结果表明,手势集内部成员的可用性指标基本没有显著差异,但学习难度彼此差异很大。尽管两次设计实践的内容、场景和方法细节有所不同,但其结果仍在相应变化带来的差别的基础上表现出一些共有的问题,这些问题的存在使得研究提出的方法论有进一步完善的必要。

在方法层面,研究认为用户手势启发作为一种以小样本视角探索手势交互的群偏好的工作方法,并不完全适合于以自然交互为目标的设计。即便采用文章提出的方法,得到的手势也并非都能让人一目了然,快速掌握。在理论层面,设计者不宜强调意象图式在用户认知中的驱动性作用,而要准确地把握未明确激活意象图式的手势解释及相应的行为表现。为了让用户更加充分地展现意象图式上的认知习惯,研究需要在情境化设计的框架下,结合用户的参与、意见和自我解释,对其有意识地用于符号化过程的意象图式进行更全面的提取和认识。

第5章

意象图式与手势交互的情境化设计

5.1 概述

　　作为交互输入的形式之一,手势和其他形式一样,一方面有着巨大的应用潜力,一方面又面临诸多设计问题的挑战,而无论是输入形式的潜力还是挑战,都是由它和不同应用场景的适应性所决定的。Norman 就曾鲜明地指出,没有哪一种交互模式的自然体验是固有的、自在的,自然交互不仅要运用人们已经熟悉的规则和习惯,还要能满足特定情境下人们的意图和交互活动的需要。对于手势交互,Norman 认为它的非自然性主要存在于几个方面[243]:第一,手势缺少通用的符号化与操作的方法,不同系统间的手势库互不统一,导致语义相近者动作有别,增加了学习负担。第二,手势指令更像是一连串动词的表达去示意系统应该要做的事项,相比之下,图形界面所需的交互行为所隐喻的对象比较单一,如点击就是在标明了目标的入口间不停地进入和退出。由于手势的这一特性,很容易出现表意不全的情况,如同样是移动对象,要让意图转达准确,复制和剪切就必须有所区分。第三,手势更容易误操作。人们经常会无意识地做出让系统误认为是有意义的指令动作,而且有的手势幅度过大,在狭窄或精密的环境下执行起来有安全风险。第四,手势传递的含义越复杂和独特,对反馈的清晰度和及时性要求就更高,因为一旦没有获得反馈,人们就更难以判断问题出现的原因,也越发怀疑执行是否正确,久而久之便增强了挫败感。第五,频繁地使用手势容易使人疲倦。第六,无论是在私密还是社交环境,突兀的手势动作都难于被人们接受,社会赞许度低,执行者难免有尴尬之感。鉴于手势交互存在的诸多问题,为了扬长避短,发挥多模态交互的优势,除了触屏交互,在以下几种情况中,设计者会较多地考虑手势交互的应用:第一,存在使用频率高、意义明确的功能,而当前情境限制了其他交互模式的发挥;第二,语音指令比动作指令耗时更长,传达效率更低下;第三,用户需要快速、缄默地完成工作,或者是处理注意力之外的事务;第四,人们在互动过程中追求游戏化的、趣味的体验或者其他的情感价值。

从以上四点可以知道,手势交互是否自然和它所处的应用场景有着天然的联系。在不适宜的场景下,不仅手势执行的效果和效率会大打折扣,哪怕是非常便捷、认知负荷很低的手势,使用者也不会感觉到它存在的必要性。所以,手势设计的方法和程序不能孤立于场景或情境的定义与分析而存在。当然,手势启发法通过赋予普通用户设计上的主导权,令其积极地参与和思考,这对于考察人们对全新交互界面在手势集上的偏好是很有帮助的。但是,手势启发法仅仅停留在模拟人-机场景的层面,并未差异化地考量这些手势项目对于特定的真实场景的适应程度。本章的内容正是从手势启发的层面更进一步地探讨意象图式编码的用户研究方法介入情境化设计(contextual design)流程的方式。

5.2　意象图式的提取在情境化设计流程中的置入

5.2.1　情境化设计的流程及其在交互手势上的应用

情境化设计的本质是要服务于特定场景下行为者(actor)将要进行的工作与实践(work practice),它包括行为者的态度、意向、目标和实际行动,是行为者在外部环境刺激下所产生的心理与身体反应。情境化设计的主要内容是综合考虑支持某种反应或活动的相关因素,以便迎合行为者的心理预期,同时优化行动的处理方式。5W1H 的概念[244]比较系统地概括了这些相关因素(图 5-1),其中 WHAT 对应与行动有关的物,WHEN 和 WHERE 对应物理环境中的变量,WHO 对应行为者的个人信息以及其个性、阶层、观念、文化属性,HOW 对应活动的线路与手段,而 WHY 对应意向或者说目标,反映行动的本体价值,相反行动对它而言具有工具价值。一般来说,HOW 所代表的活动和 WHY 所代表的目标直接构成了使用体验,而它们同其他因子的相互作用则导致了体验结果的差异。于是,从业者和研究人员常用的情境设计方法往往要立足于对某一部分因素的调查,类似于从一个切入点突破,顺藤摸瓜揭露其他方面的情境因素。这些方法当中应用得最为普遍的有体验地图(experience maps)、故事板(storyboard)、用户角色(persona)、服务蓝图(service blueprint),等等。

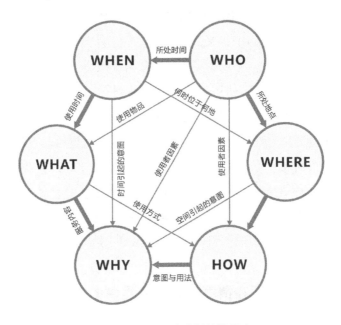

图 5-1　5W1H 法分析情境因素

　　体验地图搜集用户和产品之间的互动,或者是接受服务所产生的触点,并将其视觉化。体验地图的基本思想是将体验旅程划分成一个个任务阶段,每一个阶段是一幅独立的场景切片,它包含有 5W1H 的全部要素。一连串子任务组合起来形成完整的任务流(task flow),Baxter 等称之为执行路径(execution path)[245],研究者可以据此发现用户的认知、期望、意图、困难和感受。和体验地图相类似,服务蓝图从组织层面描绘系统对用户在每一阶段体验的支持,二者的出发点都是行动的轨迹。在情境化调查时,调查者很容易从体验旅程着手,以出现的问题为突破口,最终窥得用户个体及其所处情境的全貌。为了方便研究者记录调查数据,Holtzblatt 和 Beyer 提出了五种记录用户工作要素的工作模型(work models),根据这一组领域模型,他们发展出了一套情境化设计的流程(图 5-2)。

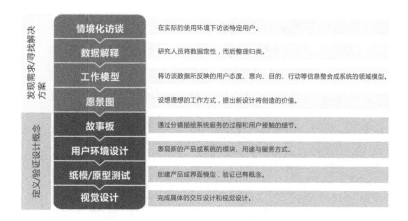

图 5-2　情境化设计的工作流程

Holtzblatt 和 Beyer 提出的用户工作模型记录了五个方面的调查数据[246]。工作流模型(task flow model)表现的是情境中的行动者(可以是用户,也可以是主动运行或服务的系统)之间交流与配合的关系,相当于工作中角色的分配(图 5-3)。文化模型(cultural model)展现的是在文化和政策的制约下用户的期待、观念和生活方式(图 5-4)。序列模型(sequence model)描绘了在具体的意图之

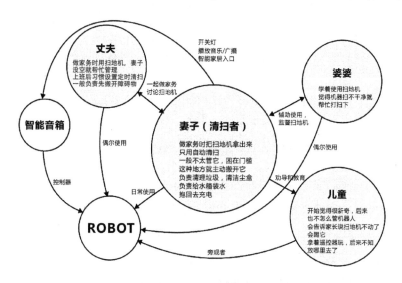

图 5-3　将调查数据整理为工作流模型的示例

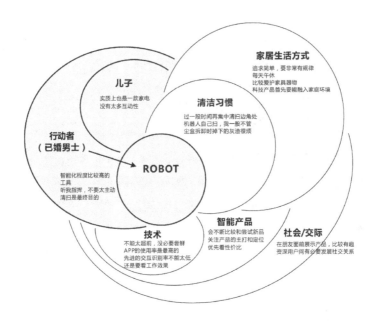

图 5-4　将调查数据整理为文化模型的示例

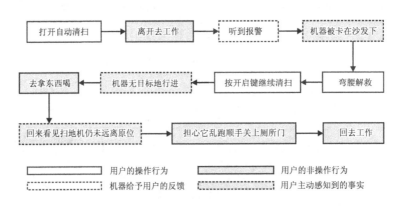

图 5-5　将调查数据整理为序列模型的示例

下，人们处理问题、完成任务的详细步骤（图 5-5）。环境模型（physical model）展示行动中所处的环境以及其如何利用环境完成工作（图 5-6）。对象模型（artifact model）则陈列出行动将要利用或者改变的对象（实物、交互模块或者组织机构），并表现人们是如何将它们组织起来去完成工作的（图 5-7）。在该模型中，行动所涉及的对象的功用和价值都将得到清晰的陈述。

以上五种模型和 5W1H 思维法有着出发点上的对应关系（图 5-8）：工作流

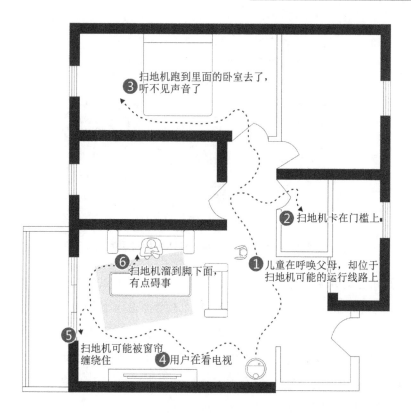

图 5-6　将调查数据整理为环境模型的示例

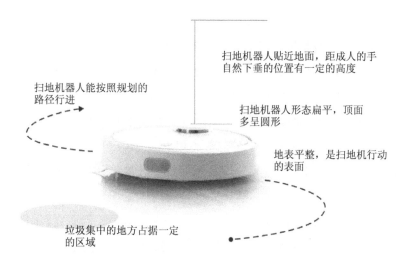

图 5-7　将调查数据整理为对象模型的示例

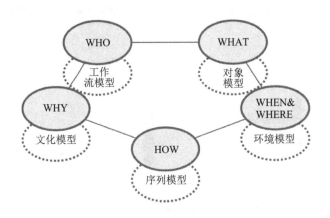

图 5-8　5W1H 和 Work Models 的对应关系

模型通过角色的分派梳理了行动者的动机;文化模型可以为人们的行动提出内在和惯例上的理由,诠释行动者的态度;序列模型展现了情境下行动和目标转移的全过程;环境模型提供了时间和场地对行动和态度所起到的作用;对象模型表现出对象物被利用以及产生效用的方式。当然,不是所有的情境都存在多个行动者和多个行动所施与的对象,例如,在人和产品一对一互动,进行控制处理的情况下,就不存在多个行动角色。

　　在将调研数据按模型的需要归档后,研究者用亲和图工具将所有的事实和见解按相似性归入一类,从而得到有效整理之后的模型图。在这一基础上,研究者可以将用户在各种情境因素下的特质总结起来,拼贴出用户画像,它能够帮助研究者以用户的视角构想待设计的系统或产品能给他们带来的新的模式、好处和吸引力,对未来设想的视觉化表现被叫作愿景图(visioning)。接下来,研究者要用讲故事的形式更具体地将愿景中的内容组织成新的工作情境。故事板通常包含事件、参与者的关系、参与者的想法和相关的情境信息[247],它描绘了系统服务于人的连续过程,各个分镜反映出行为者新的态度、意向、目标和行动是如何串联起来的。最后,研究者将一整套故事板的内容在系统设计中予以实现。在这个被称为用户环境设计(user environment design)的阶段,研究者归纳出系统的模块所拥有的对用户的赋能,从中说明了系统能为用户的不同体验阶段所提供的内容以及它们如何迎合了用户的特质与需求。这一步骤是进行界面设计、产出快速原型的基础,至此,情境化设计流程的研究部分就告一段落。

　　以上的流程分析表明，情境对于体验设计的意义，在于探究影响人们行为的因素和事实，以及引出并验证需求和机会点[248]。由于情境是行动存在和以某种形式所施行的前提，这使得对情境的调查无论是在需求和机会点引出之前还是之后都很有必要。Sutcliffe 提出的 SCRAM 方法（scenario-based requirements analysis method）就是一种比较传统的在需求工程中运用情境调查的方法[249]。研究者认为，有益的需求反馈往往是从实际体验与在场的讨论中获取，因此在取得了初步的高层次需求（high-level requirements）后，还要在故事板和愿景图阶段进一步提炼，再通过弱交互的展示式原型——即概念演示图（concept demonstrator）——来完成需求的挖掘和定义。而另一方面，在需求和机会点已经明确的状况下，研究就要着重强调什么样的解决方式将在最大程度上符合情境的条件，在这里可用的方法也非常多，暂不一一列举。

　　以情境化设计流程为代表的方法论是适用于自然交互手势设计的。首先，研究者需要确定手势在交互情境中有可运用的空间，即存在需求与否，一旦手势交互的需求存在，或者它有利于当前的工作或形势，才能考虑它以一种什么样的形式出现。其次，为了让手势的执行顺利和体验流畅，手势的表意和识别技术的采用都应充分顾及情境因子。在识别方面，主要是注意物理环境变量的影响，如光线强度、遮挡、误触其他物体、剧烈运动造成的抖动、运动受限等；而在表意方面，从五种工作模型所记录的用户访谈数据中都能发现影响它的因素，这就是第二章所提到的情境干预了手势的形式-意义关系塑造的问题。

　　图 5-9 是交互手势的表意受情境因素影响的具体表现。工作流模型关乎人们对自身工作角色的定位，它对交互手势形态的影响是微乎其微的。在文化模型中，手势如何表达就取决于用户的观念了，这里包括用户对可交互物的态度、自身预计的社群中其他成员的看法还有社会文化的禁忌之类。序列模型由一串记录了相应策略、目的和遭遇的困难的行动步骤所组成，手势输入前后的行动步骤都会影响手势表达，因为执行者的上一个行为会连带着改变后续的行为，且还要考虑到手势会不会有碍于接下来的活动。环境模型对手势表意的影响相当显著，它决定了手势执行的时机（如紧迫、疲劳、兴奋）和空间，尤其是空间，它包括人机尺度、方位、距离，还有环境的拥挤和潜在的多样性，这些对手势表现的影响几乎是决定性的。对象模型中手势的感应体和周边物体的一些性质也是手势设

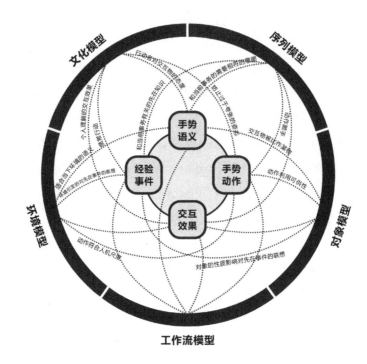

图 5-9　交互手势的产生和表意受情境因素影响的具体方面

计要关注的,其中最典型的当属物理可供性的问题(见4.3节的案例),它影响了用户在手势选择上的偏好;周边物体特指那些肢体运动所接触到的非感应体,它们要么作为手势执行的表面(见4.4节的案例),要么充当肢体的动态所涉及的,甚至是必不可少的某种工具。

　　情境数据除了规范手势动作以外,最主要的作用还是去判定采取这种交互模式的意义,这样研究者可以推测在什么情境下手势的运用对用户体验有正向作用。当然,不同的设计个案面对的问题不同,也要根据所需系统的复杂度和切实情况来拟定设计的过程。如果仅仅是为了指定交互手势所对应的实现效果,可以直接采用KANO模型、功能优先级矩阵、层次分析法测定权重等方法选出这些功能和应用场景。情景化设计的流程和工具包在整体上还是为商业应用和服务系统而开发的,交互手势作为用户行为的一个环节,应该要凭借它的优势,在适当的任务中以正确的形式出现。所以,在建立画像和故事板这样的数据整合阶段,我们更多看到的是利益相关者的特质、行为和服务的接触点以及使用情境的全貌,是这些缘由导致了用户对交互方式的认识和选择。

5.2.2　意象图式在情境化调查数据中的体现

既然交互手势的存在和表现都不能脱离情境因素,而人们在创建和理解手势的过程中又存在意象图式认知,这就提出了一系列的问题:手势所反映的意象图式和情境化访谈所得到的意象图式之间有关联吗? 前者的产生依赖于后者吗? 情境因子究竟如何影响交互手势的意象图式思维? 要回答这些疑问,首先要阐明意象图式在情境化调查数据中是如何体现的。

2.5.1 节论述了 Hurtienne 教授等通过识别访谈文本中的意象图式并将其和概念匹配形成有关体验要素的各个层次的隐喻结构,进而在视觉层表现这些概念隐喻的设计方法。这一方法的研究目标是调查用户所习惯的对交互活动中的事物和行为进行心理表征的方式,便于设计者用恰当的手法"外化"那些比较普遍的表征,减少信息加工中的阻碍。有关体验要素的概念在性质上可分为名词、活动两类,名词就是存在于各层次(目标/需求、范围/内容、结构/信息组织、框架/界面)的有关事物的概念,活动则是事物彼此间的作用以及用户的(目的性、操作性)行为。情境化访谈所揭示的受访者的意象图式思维就是从他们对这两类概念的描述和修辞中浮现出来的。

情境化访谈的确能取得大量用户对不同概念的认识,这些认识转译成文字后虽然有上下文结构来从概念上映射到某些意象图式,但相对于用体验要素层次去给概念分类,交互手势的设计更适合用工作模型将访谈的结果整理归档(图5-10)。名词性概念牵涉的对象可能有:需求、交互要素、情境中的所有用户、手势感应界面、接受手势指令的产品、周边物体。在不同的模型中,受访者会从不同的角度理解这些对象,于是产生相应的意象图式认知。比如,在文化模型中,我们可能发现用户会拟人化、具象化地看待产品,或者解释了行动的态度和目的,又或者描述了其他人在促使自己采取行动时扮演的角色;在序列、环境和对象模型中,用户会从事物的形态、空间关系、效用等角度讲述它们的特征,如此一来,从语句中研究者可以识别出大量的用以建构这些事物概念的意象图式。同样地,用户的陈述也会包含关于他们如何看待情境中的活动内容,在从这些内容中识别出意象图式后,先将结果按各自所属的模型归类,再总结出某一概念最常对应的意象图式。从情境化访谈中获取意象图式的范例如图 5-10 所示。

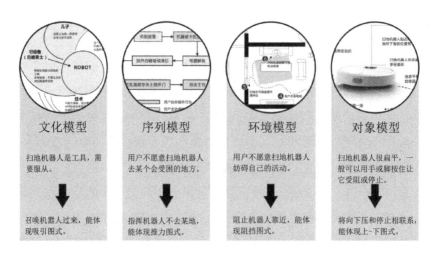

图 5-10 部分情境化访谈数据和意象图式激活的关系

受访者对某个观点或事物的态度有肯定和否定两面,而否定的部分在文本分析时通常是不予考虑的。例如,受访者会说某项主题没有意义,对某种处境下的行动持负面看法,认为某种行动方式是不得当的,或否认某项命题或推断。对于较为肯定和积极的答复,研究者遵循意象图式的识别和提取原则,就可从中了解到受访用户是如何潜在地用意象图式去理解相关的具体事物、抽象概念以及活动的。这些答复不仅一定程度上显示出用户在特定情境下提出手势偏好的理由,它们所反映的意象图式也有可能被迁移到交互手势的形式-意义关系的组成上。

根据上文的分析,手势所反映的意象图式和情境化访谈所得到的意象图式之间似乎是有关联的,只不过在很多情况下这种关联性并不显著。通过图 2-12 可以看到,研究认为情境因子既会影响手势所需的先在知识复用的内容和方式,又会导致手势及其原型事件在形式和意义选择上的改变。促成这两组关系的信息迁移机制是很复杂的,研究假设,就意象图式而言,情境因素中存在的图式会在手势的意象图式上得到印证,这种情况下手势所反映的意象图式是从对情境因素的考量中继承来的,两者的关联性较强甚至完全一致。而另一种更加普遍的情况是情境中的某些因素致使人们重新思考交互手势的自然性,这时用户作为行动者没有把在情境中激活的意象图式用在对手势的解读上,于是只能笼统地说情境因子影响了手势的创造、赋义和表现。

在第一种情况下,用户对手势的偏好与情境内容直接相关。例如,情境中的角色是某个群体的老年受访者,他们对智能家居产品的能力非常依赖,因为其较为高昂的售价又觉得要珍惜,当他们用亲近和拟人的视角看待可交互对象时,这种思维是可能延续到他们的手势偏好上的。再比如,在序列模型的数据中,受访者谈到执行某个手势的原因是在当前情境下它和另一个常常采取的行为无论在动作还是意义上都很相像,因此它既方便又容易理解。还有,受访者会联想到自身和界面的空间距离上的特点,又或者觉得界面很像某种事物,他们完全有可能在手势偏好上表达出这类概念上的映射,并且觉得这种方式比较自然(图 5-11)。例如,有受访者对手势的解释中频繁地出现容器图式,研究者因此将它编码为容器,另一方面研究者可能发现受访者倾向于把感应手势信号的界面看作某种平台或区域,那么就可以推理说用户很可能是将自己对产品界面的主观想象和该手势的使用联系在一起。

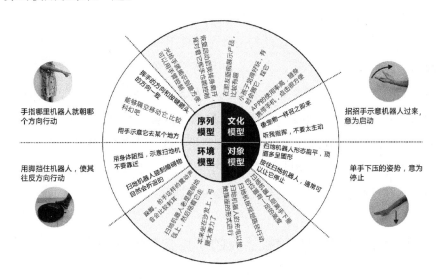

图 5-11　从情境中激活和继承的意象图式在交互手势定义时的运用

情境因素以不延续意象图式思维的方式影响手势的情况又分为两种。第一种是它需要手势的执行者对它做出快速响应的情况。这种情况下,用户要在手势执行的期间留意处理突发事件,或者情境迫使手势的执行变得更加快速和下意识。比方说在定义交互手势时,设计者须充分考虑操作情境面临突发情况的可能性,如果这类可能性高,用户的偏好可能会更加侧重自己最为熟悉的交互法则,而不仅围绕手势的功能映射问题。这时,手势语义和姿态所能传达的意象图式就并非来源于情境信息,而应是该状态下最直接映入脑海的处理方式所基于的感知运动经验。第二种是手势的意象图式和情境因素中的意象图式无关的情况(图 5-11)。如在文化模型方面,用户可能会从习俗、观念等社会意识的角度解释自己感觉很自然的交互手势,但事实上手势的语义和解释之间缺乏基于结构相似性的直接联系。在序列模型方面,受访用户可能说自己的活动手刚好运行到某个位置和姿势,适合顺势完成这样一个动作,这时候手势表达的目的就发生了扭曲,而这样的情境因素和意象图式也没有关系。来自环境因素的解释就更加常见了,比如,用户会认为手够不着或者不方便做某种动作,就只好换一个姿势并且赋予它新的意义。而如果受访用户不从产品的形态、材质、性质出发去联想可行的手势,在对象模型方面从情境化访谈提取的意象图式和手势所反映的意象图式同样是没有太大关联的。

意象图式编码在情境化设计流程中的置入以及辨明情境化访谈中的意象图式和手势所反映的意象图式之间的关联对解决用户手势启发的方法论问题能分别起到各自的作用。前者可以强化交互手势设计的问题意识,通过提升用户对设计需求的认同推动其更加积极和真实地表达自身对自然的交互方式的期待;后者则有助于研究者观察受访者的思维过程在情境影响下的来龙去脉,以评判他们的解释性回答的可信性,亦确保其完整性。在下一节中,研究报告了情景化设计视角下有关家用服务机器人的手势交互设计应用案例,在实践检验的同时得到了更多对意象图式编码的设计方法的认识和思考。

5.3 设计实践:家用扫地机器人的手势交互偏好研究

5.3.1 交互任务的选择与界定

扫地机器人是一种凭借一定的人工智能技术为室内环境提供自动清洁服务的电器产品。随着智能家居的广泛覆盖和不断升级,人们对家用服务机器人的智能要求与日俱增,这些要求体现在产品的工作能力、情感智能和服务流程的完整性、附加值等多个方面。工作能力指服务机器人服务的质量,即其本职工作的完成度;情感智能指机器人针对人类的表情和举止做出情感上迎合的能力;服务流程的完整指工作流程之外用户与机器人接触和互动的种种体验,包括信号反馈、故障、维护等;而服务的附加值是指由核心服务衍生出的家庭管理、娱乐、符号化、标签化等附加价值。交互任务的选择首先要满足用户最普遍和最迫切的需求,这样能确保用户有充足的提出使用偏好的意愿。

在有关用户对扫地机器人整体的交互偏好的研究上,研究发现,一般人对机器人工作能力的要求明显高于其他方面。研究者使用层次分析法,先将用户的潜在需求作为准则层的元素,让受访者对其打分,再测算各个标准的重要度。与扫地有关的需求的权重得分最高,其次是服务流程中的其他需求,再次是与情境、情绪的感知有关的素质,最后才是服务附加值的内容。可见,在受访者的观念中扫地机器人最重要的是清扫的效果,要能够完全自主地替代人力,这样才符合它"扫地"的"机器人"的名号。

在确定交互任务之前,研究人员进行了一轮预实验,最终设置了六个用户相对关注同时又适合语音、手势模态快速指令输入的任务,它们均是与扫地工作相关,在工作中会遇到的任务。除预约清扫以外,其他五个任务(包括"开启/停止"这一对)都有在适当的场合采取手势操控的必要(表 5-1)。

表 5-1　设定的五个交互任务

任务名称	任务完成后扫地机器人的反应
开启	机器人从静止到启动
停止	机器人从运行到停止
指定清扫位置	机器人到达指定的区域,并持续清扫这个区域
移动机器人	机器人改变原来移动的线路,转向不同的方向
回去充电	机器人开始寻路返回充电站

5.3.2　情境化访谈和设计模块的结合

研究正式召集了 33 名"90 后"被试者,加上对五名资深扫地机器人用户的家庭内访谈,按照相应的工作方法,在被试者提出偏好提案前先令其评判各种交互方式施加在每个任务上的必要程度。交互方式有语音、手势/体感、按键、遥控器和 APP 五种。自评表为 5 分量表,−2 分为完全不需要或不喜欢,−1 分为比较不需要或不喜欢,0 分为可有可无,1 分和 2 分分别是比较和非常需要/喜欢。研究者在事后询问被试者打出 −2 分和 2 分这样极端值的原因,并且认为给相应的交互方式打了 1 分和 2 分的被试者认同这些方式对于任务的适应性,故而让他们提出自己认为最好的具体的交互方案。就手势偏好而言,虽然其数据量因为一些被试者对这种交互形式的拒绝而有所减少,但排除了所有让不认同此交互情境者提出"偏好"的情况,这样实验 1 和实验 2 当中任务设置的负面影响就得到了缓解。

用户手势的获取仍然依靠 Wizard-of-Oz 法。与前两次实验预先向受访者展示任务完成的效果不同的是,此研究不仅由人工模拟效果,而且是受访者在不知情的情况下以为它是自己执行手势互动所实现的。具体的做法是:邀请受试者到会议室、工作室一类的测试环境,在他们完成交互方式偏好的打分后,请他们使用预设的能代表每种方式的指令(如一组唤醒词加指令语、一个手势)去试着执行所有的交互任务。实际上,选定的扫地机器人并不能响应语音和手势命令,要靠一名实验员在背地里用遥控器模仿任务的完成效果。这一步骤结束后,受试者对各种交互方式有了切身体验,一方面会对自己原有的评分产生不同看法,另一方面对不同交互模态的情势和利弊有了心理准备。

接着在关于手势启发的部分,工作程序和模块 1 的要求保持一致,但是用户对手势的解释不再以问卷的形式记录。实验人员不仅要求受试者尽量阐述自定义手势的含义、经验依据和对任务效果的理解,而且围绕这些问题展开半结构式访谈。除此之外,整个访谈还涉及受试者对其他交互方式、方案的看法。因为是实景测试,受试者观察到或者回忆起常见的现象或问题,往往能从情境因素出发组织这类看法,而访谈的结构有意包含了用户在观念、行为流、环境引发的行为与认知以及对扫地机器人的认知这几大方面的信息,如此每个用户手势建立的逻辑都或多或少地有情境化访谈结果的依托。

模块 2 的意象图式编码部分由两名主译员和一名后备译员完成。图 5-12 选择了移动机器人任务下的八个手势作为编码的范例。这一任务的 45 个方案

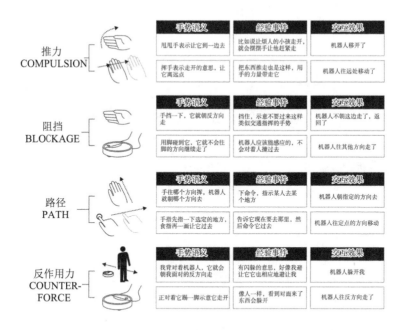

	手势语义	经验事件	交互效果
推力 COMPULSION	甩甩手表示让它到一边去	比如说让烦人的小孩走开，就会摆摆手让他赶紧走	机器人移开了
	挥手表示走开的意思，让它离远点	把东西推走也是这样，用手的力量带它走	机器人往远处移动了
阻挡 BLOCKAGE	手挡一下，它就朝反方向走	挡住，示意不要过来这样类似交通指挥的手势	机器人不朝这边走了，返回了
	用脚碰到它，它就不会往脚的方向继续走了	机器人应该能感应到的，不会对着我撞过去	机器人往其他方向走了
路径 PATH	手往哪个方向挥，机器人就朝哪个方向去	下命令，指示某人去某个地方	机器人朝指定的方向去
	手指先指一下选定的地方，食指再一画指它过去	告诉它现在要去哪里，然后命令它过去	机器人往定点的方向移动
反作用力 COUNTER-FORCE	我背对着机器人，它就会朝我面对的反方向走	有闪躲的意思，好像我避让它它也相应地避让我	机器人躲开我
	正对着它踹一脚示意它走开	像人一样，看到对面来了东西会躲	机器人往反方向走了

图 5-12　用于移动机器人任务的手势的四个意象图式分组及手势方案

被编码为四个意象图式分组（图 5-13），它们一共有 22 个姿态不一的手势或身势动作（图 5-14）。反映推力图式的手势方案数量最多，说明受访者很自然地把快速调转机器人的行动方向和用外力改变事物的运行或状态两者联系起来。例如，手掌向外挥一挥/摆摆手的动作，受访者无一例外地认为它表示"让机器人到一边去"的意思。在解释时，受访者反复地使用"让""把""要""叫它"等措辞去表示驱动扫地机器人改变方向或者远离自己。只不过由于激活的经验事件不同，被"驱离"的事物性质不同，造成表示"驱离"的动作的不同——有的是示意儿童或宠物离开式的，有的是主动把受事体移开式的。被归类为阻挡图式的手势在思维上的共同点是通过妨碍机器人以目前的态势持续运行，导致运行线路的改变。在识别意象图式时，发现受访者常提到"挡"的概念，而且介词的使用也多半含有运行路径的折返的意味。比如，解释语中大量出现"朝""往""对着"等词，它们所描述的运动要么是不会发生的事态，要么是因为某个先决条件而发生的反方向运动。凭借这些关键信息，研究人员将有关手势编码为"阻挡"图式。路径图式组包括了 16 个方案，七个手势，它们表意的重点在强调扫地机器人移开的

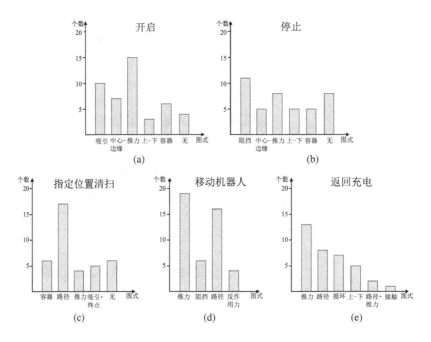

图 5-13　五个交互任务得到的手势分组和各组的手势数

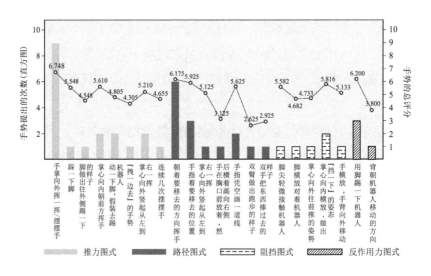

图 5-14　移动机器人任务下所有用户手势的提出次数及其专家评分结果

线路。受访者集中地使用"去""朝""往"等表示走向的词汇，它们直截了当地反映了路径图式。当然路径图式的表现渠道比较多样化。有的是用手示意要去往的方向（终点），如朝着要移去的方向挥手；有的表现出路径的轨迹，如手掌竖着从左到右一挥;有的用具象的行为比喻事物的移动,如双手把东西捧过去的姿势;还有的借用那些能隐喻"移动"的行为,如做出跑步的姿态。最后,研究还观察到有极少数手势的提出是基于反作用力(COUNTERFORCE)图式的。附录B介绍了该意象图式的内涵,简而言之,就是两个运动中的物体对向相碰。受访者希望扫地机器人能够评判人类与其冲撞或者担心冲撞的意图,从而主动避让。图 5-12 中"我背对着机器人,它就会朝我面对的反方向走"的方案除了反作用力之外,还体现出分散(DIVERSION)图式(附录 B)。由于被识别的次数较少,该方案最终被编码为反作用力图式。

意象图式编码完成后,还遗留一些没有从空间概念和结构来构建手势与任务语义间映射的方案,从对它们的解释中提取的意象图式多半不属于用图式将手势符号化的思路,另外也有极个别方案受访者无法有效解释,或只是觉得动作有趣。最后所有这类方案都归入"无"的群组。图 5-13 是各个任务下的用户手势分类所依据的意象图式以及每个类型包含的方案数目。由于开启和停止是成对任务,编码得到的图式类型基本一致,只有开启中的吸引图式在停止任务中对应阻挡图式,这是因为受访者用一些表示排斥、回绝等意义的手势去表达停止这一开启的对立面事件,而阻挡是对这些手势的解释所反映的意象图式中最典型的。

很多时候,受访用户定义手势时使用的意象图式在他们谈到有密切关联的情境因素时就已经被激活。这些因素的总体数量并不多,但每个因素都对相应用户自定义手势内在的意象图式构成影响,具体的影响方式与图 5-9 所描绘的基本一致。在文化模型方面,比如,相当多的受访者希望扫地机器人机灵、顺从,又能高效地完成工作,给生活带来便利就足够了,于是机器人被赋予了对应的人格化特征。因此,受访用户倾向于从开关任务联想到召唤和活跃(吸引图式)、排斥和消沉(阻挡图式),同时把机器人看作听指挥(推力图式)的地位低下者(上-下图式),并且使用能最直接地反映这些联想的手势动作,如招招手示意其过来、摇摇手拒绝、挥手表示唤起、手掌向上动一动示意开始,等等。在序列模型方面也是如此。有的受访者认为要考虑到所有移动机器人的情境,例如,为了不让扫地机器人往悬崖边走去,手势应该带有将它指定到其他方向(路径图式)的意思,如果总是反映推力图式,手势的语境会与场景序列的需要不符。怀着这种想法,用户会搜索相关的先在经验去表达指定方向的语义。在环境模型方面,有受访者表示垃圾集中的地方占据一定的区域(容器图式),用手势标定这个区域来指示机器人清扫此处是非常自然的;也有受访者指出机器人相对于自己始终是位于远处的,那么空间距离的缩短必然意味着它靠近自己这个中心点(中心-边缘图式),意思是开始为我服务。在对象模型上,受访者提取出扫地机器人的外在特征,产生相应的意象图式思维。最常提到的特征有:(1)圆形外观,人们容易由它联想到时钟,进而想到转圈可以代表返回(循环图式);(2)与人的高度差距大,给人一种低矮、可轻视的感觉(上-下图式)。

5.3.3　手势的选择与评分

　　按照模块3的步骤,给每个意象图式分组下的手势成员评分。以移动机器人任务为例,手掌向外挥一挥/摆摆手、朝着要移去的方向挥手、"挡一下"的手势和用脚踢机器人的得分分别是最高的(图5-14),而这四个手势也分别是其分组中被提出次数最多的手势。至于那个被编码为两个不同图式的手势,因为专家评分不高而没有被选取。如此,得到每个任务之下的优选手势,见图5-15~图5-18。

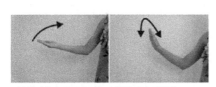
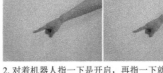

1.招手呼唤表示开启,左右摆摆手表示暂停　　2.对着机器人指一下是开启,再指一下就暂停

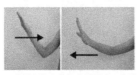
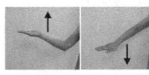

3.手朝身体方向拉表示开启,向外推表示暂停　　4.手向上抬表示开启,向下压表示暂停

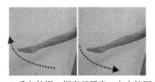
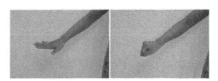

5.手向外挥一挥表示开启,向内拉回来表示暂停　　6.五指张开表示开启,攥成拳头表示暂停

图5-15　开启 & 停止任务下的优选手势

1.在垃圾附近画个圈　　2.　先说出清扫位置，再　　3.在垃圾附近跺一下脚
　　　　　　　　　　　　　左右挥一下手让它走过去

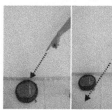

4.先用手指着机器人唤醒它，
再朝垃圾的方向 一指

图 5-16　指定位置清扫任务下的优选手势

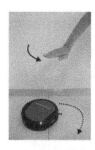

1.摆摆手让它走开　　　　2.手做出"挡一下"的姿态，
　　　　　　　　　　　　机器人就会朝相反方向移动

3.手指向哪边机器人就往哪个　　4.踢它一脚，让机器人
方向移动　　　　　　　　　　改变移动方向

图 5-17　移动机器人任务下的优选手势

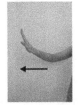
1.手朝前推表示把
机器人推回去充电

2.挥挥手示意机器人
离开，回去充电

3.在上方画一个圈，
代表返回

4.手掌向下一拍，有
插座的含义，代表充电

5.先用手画一道线，再画个圈，表示
"回到充电桩，并开始充电"

图 5-18　返回充电任务下的优选手势

24 名有过扫地机器人使用经验的用户在研究者入户访谈时实地给所有的优选手势评分，评分的标准是这些手势的自然度。给用户描述的自然度的定义是手势执行起来是否有自然的感觉，这种感觉来自手势的易学性、易理解、社会可接受度、自由度、容易完成等多个方面。因为大众对自然交互的认识不专业也不一致，研究比较倾向从某一个可用性评价的角度出发去理解何为"自然"，正由于这些评价角度应不会超出交互手势可用性评价的范围，有必要让受访者根据实际体验的满意度对专家评分的几个指标打分。这个体验后量表采用 7 分制（有正负性），在受访者感受操控过程之后完成。它排除了防错性这一 Wizard-of-Oz 实验不能模拟的指标，增添了可接受度的概念。研究最终得到的手势集如表 5-2 所示。

表 5-2　对手势集内部各方案的文字描述

开启 & 关闭	1 号手势：招手呼唤表示开启，左右摆摆手表示暂停
指定位置清扫	1 号手势：在垃圾附近画个圈
移动机器人	3 号手势：手指向哪边机器人就往哪个方向移动
返回充电	2 号手势：挥挥手示意机器人离开，回去充电

5.3.4　体验满意度评价

　　手势评价的内容有两部分:学习时间和体验的满意度。参与者共计 22 人,年龄在 22～49 岁不等,其中 10 人为扫地机器人用户。首先邀请被试者观看演示动图,动图的顺序经拉丁方排列后大致平均分配到各被试者,他们可以自由切换演示动图,直到报告观看完毕为止。然后被试者实地用这几种手势完成相应的控制任务,每个手势执行 10 遍,其中机器人靠近和机器人远离两种状态各执行五遍。实验场地的地面粘贴起布线作用的胶带,用来定义机器人距离用户的远近。机器人的反应仍由实验人员背地操控,为了保证结果的公正,任务的测试顺序同样也是经过拉丁方设计的。当然,出于对实际情形的考虑,实验时开启、停止、返回充电三个任务始终要连贯完成,这相当于将五个任务并为三组进行测试。

　　统计结果表明,各个手势的平均学习时间都较短,彼此之间的差异也比较不显著($F_{(3,84)}=1.733$, $p=0.166$)(图 5-19),这其中固然有任务数量减少的因素存在,同时也说明被试者对每一种操作方式都能很快地掌握。在体验满意度的评分上,各手势成员的得分也没有很大差异,只是由于指定位置清扫的手势和其他成员在自由度、直觉度和可接受度上两两差异显著,总体检验显示这三个指标的内部差异也比较显著(自由度:$\chi^2_{(N=22)}=13.525$, $df=4$, $p=0.009$;直觉度:$\chi^2_{(N=22)}=14.948$, $df=4$, $p=0.005$;可接受度:$\chi^2_{(N=22)}=12.737$, $df=4$, $p=0.013$)(图 5-20)。模拟体验过后,被试者普遍对以上手势操作的效果感到惊喜,排除掉无响应、响应延迟等技术故障,认为这样的交互体验会提升自己对产品的满意度。

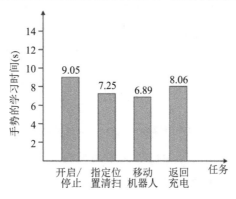

图 5-19　手势的平均学习时间

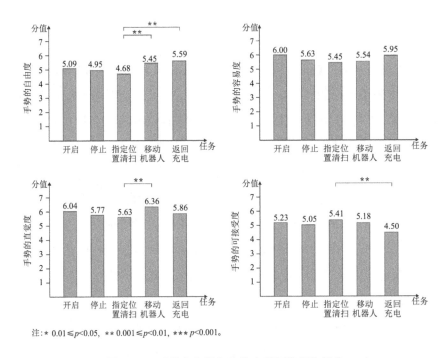

注:* 0.01≤*p*<0.05,** 0.001≤*p*<0.01,*** *p*<0.001。

图 5-20   手势在各指标上的主观评价平均得分

5.4   意象图式编码在设计应用中的挑战与反思

揭示人们关于设计对象的意象图式认知并不是一个新鲜的主题。笔者站在前人已完成的工作的高度,尝试了对意象图式和交互手势相结合这一新的方法论视角的理论架构和实证。由于理论背景、实验设置和笔者能力所限,研究存在许多不足之处,尤其是在理论背景方面,目前还面临着两个亟待解决的问题,不得不进行反思性的陈述。

5.4.1   关于意象图式识别方法的问题

研究发现,相比于其他意象图式,推力图式和路径图式是最常被识别出的两种,在手势动态和语言解释中出现频率明显高于其他意象图式。三次设计实践的结果都表明,这两种图式似乎更容易被受试者激活,也更容易被译员提取出来(实验1:推力35.6%,路径10%;实验2:推力20.6%,路径17.2%;实验 3：推力 28.6%，路径 19.9%）。究其原因，可能是因为这两种意象图式占据了人们已经熟悉的交互的认知模型的主流，以及相关专家也难以回避的意象图式解释的主观性问题。前一项原因能给自然交互手势的通用性提供有益的设计启示，而后一种原因则是意象图式编码的设计方法在实际应用时将要面对的挑战。

意象图式编码的基础是掌握受访者在陈述自定义手势的形式层信息与意义层信息时激活意象图式的显著性，而意象图式的识别取决于解读者对其在语义中凸显度的理解。那么，这里会产生两个问题：第一是语义上的，也就是语义本身要凸显的事物在描述点上的不同引起的意象图式使用的不同。比如，实验 2 中涉及的"缩放"手势，在交互效果上更能反映中心-边缘图式，因为缩小是聚焦，而放大是扩散。但是在意义层的语义部分，受访者通常说的是将"放大—缩小"的关系直接映射到"大—小"的概念上，因此这一图式被提取的次数很多。回到形式层的动作部分，由于食指和拇指成角度张开的姿态看起来表现了缩放的过程，译员又认为路径图式特别明显。到最后有关方案往往被编码成三个甚至更多的图式，很难说它们之间谁更加显著和高频。第二个问题是对"凸显度"的认识上的，即译员判断文本所展现的心理意象在用射体-界标的范式形象化之后与哪种意象图式结构相似。这一过程高度依赖解读者的形象化方式与水平，如果从过于整体论或还原论的视角诠释事件的结构，或者错误地匹配了意象图式，都会导致识别结果的差异，继而会削弱编码的一致性。

所谓整体论或还原论的视角，指的是将概念结构类型化或是具体化的两种趋势。在第二章笔者引用了意象图式分类的研究成果，指出容器、方位、力和路径等要素，而类型化就是用意象图式的结构要素去还原心理意象的趋势，相反地，具体化是试图用尽可能贴切和内容丰富的图式去对应概念的凸显特征。通过对参与意象图式识别的译员的事后访谈，研究认为图式本身可以组合和嵌套的特点是造成更加底层和基础性的意象图式更容易被感知到的重要原因，尤其是推力和路径这两个图式，它们既是独立的意象图式，又是构成其他许多意象图式的基础。我们知道推力是力图式最典型的一种形式，它意味着施事和受事的一种普遍关系，其中受事者在作用力之下发生的改变都可以用位移来表现，相当于进入了另一种状态。这样看来，无论对动宾关系的活动描述详细地反映了怎样的意象图式，它都能被归纳成最精简的形式——力推动事物。在译员看来，并没有任何规范要求他们在意象图式和射体运动的相似度上严格地择优，那既然文本的句子有影响受事者的意思，为什么不能根据意象的细节或整体特征提取出力图式呢？路径图式也是如此，它概括了一切有始有终的活动，而从历程的角度看，很多意象图式本身就是一种"路径"。比如，量级图式是一系列同方向的路径的集合，而它的整体在结构上又何尝不是一道持续变化的轨迹呢？另外，虽然容器图式的出现不那么频繁，但如果译员有意从名词的有界性（boundedness）①状态[250]去提取容器图式，该图式就会大量地涌现。正是因为抱着这样一些观点，手势的解读者们不时地用"整体"的视角为本来明朗的识别结果添加了新的注解。所以 Hurtienne[143] 在总结意象图式理论介入设计研究的风险时谈到，专家往往会不经意间连带地识别出相关性不那么强的意象图式，因为意象图式是有包含关系的，而且解读者也不宜将图式泛化到和无关乎研究主题的概念相对应。

话说回来，手势的解读尽管是一个主观的事情，但不等于用户在定义个人偏好的时候对意象图式的潜在使用不明确。这并不是说解释者的思考方式不对，而是受访用户的确习惯于直接用推力和路径这样的意象图式将手势行为意义化，以达到认知经济性的目的。如上所述，由于用这些充当基本结构的图式在日常生活中处理信息的频率更高，人们对它们的复用自然就节约了认知过程中的资源消耗。这不由得使人联想到点击和滑动手势所对应的交互场景在事件结构上的代表性，用户频繁地激活推力和路径两种图式可能是组织先在知识的一种策略，用更基本和更有概括力的意象图式搭建起手势的形式-意义关系。

鉴于用户为了追求手势表达的自然而更多地激活特定的意象图式的情况，设计者可以提炼出这些图式的动态表现，用较少量的手势和认知模型涵盖更多的交互需要。比如说可以用挥手、手指滑动、轻敲等手势去启动系统某个

---

① 有界性是一种语义特征的概念，是在范畴中形成的模式。很多名词的量能被理解为"有界"或者"无界"，所谓有界就是它所代表的单位实体是个体化的，即有"边界"的，如大海、小时，相反如水、睡眠这样的概念是"无界"的，不存在有界的量。

未运行的事项,或者让系统能将它们识别为任意一个势必会处理的当前任务的指令。

　　为使意象图式编码结果更准确,研究提出了四条识别策略,它们要求受访者充分地解释手势提出的来龙去脉。但设计实践发现,受访用户不是总能完整地陈述这些内容,对一些过于熟悉的概念在成因上的解释容易语焉不详。统计显示,对手势语义、先在的经验事件和交互效果三方面都有描述的方案占比为72.8%,有两方面描述的方案占比为20.8%,只描述了其中一条者占6.4%。而这些描述之中还有很多是两两相同的(表5-3),出现重复描述的占比在三方面者中为16.9%,在两方面者中为32.9%。这样的结果使得一些手势的解读不够深刻,识别出来的意象图式数量较少,且有效性不足。

表 5-3　手势方案的解释内容两两重复者在研究数据中的比例

在三方面都有解释的方案			在任意两方面有解释的方案		
	手势语义	经验事件	交互效果		手势语义	经验事件	交互效果
手势语义	—	26.4%	49.3%	手势语义	—	31.2%	45%
经验事件	26.4%	—	18.1%	经验事件	31.2%	—	23.8%
交互效果	49.3%	18.1%	—	交互效果	45%	23.8%	—

5.4.2　关于意象图式识别的语言文化差异问题

　　在第三章笔者检验了不同文化背景的人们在意象图式激活上的异同,这些文本数据的分析者是以汉语为母语同时又能阅读英语的中国人,但如果分析结果来自不同文化背景、母语不同的人士呢? 一些研究认为,对于同一份文本,不同国家的人对译成本国语版本的内容中的意象图式理解是有差距的。这会带来一个值得深思的问题:不同语言背景的解读者的编码结果汇集起来以后,可能会带来选择和评价模块上的多种结论。

　　王琴[251]举出两个英汉两种语言对同一概念的不同措辞表述导致的意象图式差异的案例。一则是英语习惯于说"at home",而汉语的表述是"在家里",这表示英语社会的认知是把家看成一个点,而不像汉语是把家看成一个有三维边缘的封闭空间。另一则是英语习惯于说"on the campus",而汉语常说"在校园里",同时如果只说学校的话,英语的表述是"at the school"。这表示英语的意象图式是把校园看作一个平面,学校作为地点性质的概念被看作一个点,相比之下,汉语的认知倾向于把学校这种有围墙、有边界的场地看作能容纳人群活动的三维空间,并且通过强调学习这种活动凸显出它必须在该空间中完成的特点。

由于本研究邀请的译员都是中国人,故暂时无法了解操其他语言的人士在解读手势时的认知视角,也缺乏因编码结果不同而使评价数据偏移的事例。无论如何,在使用意象图式进行以设计为目的的访谈文本分析时,要特别留意可能受文化差异影响而还原出不同意象图式的语言细节。如果这部分语言信息对于体察用户心理有非常重要的意义,意象图式识别的语言文化差异问题就会给研究结果的通用性甚至可靠性构成一定程度的挑战。

5.4.3 关于意象图式编码在自然交互手势设计上的应用价值

意象图式编码在自然交互手势设计上的应用应当注意两点。第一,研究和利用意象图式概念的目的主要在于解释用户对自然体验的理解和追求它的方式,而非设计自然交互所必须参考的认知内核。第二,应用设计方法的目的还应该是让手势输入标准的统一有理论上的凭据,制定用户关切的情境特征下的交互规范。

意象图式是范畴内部的事件原型成员在结构上的高度概括形成的拓扑表征(topological representation),这决定了意象图式研究的价值在于对范畴稳定性的检验。在实地访谈中,受访用户是不清楚何为意象图式的,他们只会描述自己喜欢和觉得可行的手势意味着什么,源自哪里。相反如果要让用户切身感受到手势用起来的确很自然,就要寻找大多数人认可的语义事件原型。因此,从行动或交互上的原型出发能更直接地衍生出语义相同的手势,从意象图式出发则不然。从事物联想到意象图式是很容易的,对它的表现也并没有什么规律可循,往往是因时制宜。只有很少数的研究指明了有效地表现意象图式的方式,如 Antle 等人[150]研究发现,意象图式空间上的表现比体态上的表现更有利于增强手势的可发现性(discoverability),即令手势的语义更加不言自明,能很自然地发现它和使用它。更重要的是,即使用象似的手法再现出意象图式的全部结构,也不能保证这就能充分引发人们的共鸣。我们知道手势表达是整体式的,人们往往是根据概念的某一处特征界定它,并自动生成意象图式的完形。比如,两次点击强调了路径的起点和终点,也表示出量级有两个阶段,如果用其他的手势表现相应的图式,可能要凸显的特征就会不同,但也很难说两种方案因此就会因为表现焦点的差别而分出高下。总而言之,我们目前一方面还无法给出一些原则,去限定和指导为了特定的设计目标而应该选择的表现手法;另一方面也认为总结意象图式的表现规律意义不大。这是本研究将意象图式的解释和编码与用户参与式设计而非专家主导的设计相结合的原因。

本书提出的设计模块是对有价值的用户设计结果的归类和进行有效解释的途径,而不是可以根据项目不同反复利用,进而不停产出破坏性创新的方法。这是由于语义相近而情境相异的手势需要不断整合、简化,形成标准,最终达到通用和简便的目的,一而再地创生新的手势指令只会加剧用户的负担。本研究旨在假设意象图式具有抽离出手势理解所需的感知运动经验类型的性质,它可以将意图和行动之间的映射巩固下来,成为手势标准化在认知上的切入点。在这一基础上,设计者可以随着界面和技术的发展对手势做有必要的微进化,以确保创新性(innovation-proof)、包容性(inclusiveness)和易理解性(low-level accessibility)三种设计品质的动态平衡[252]。

本章小结

本章的内容是基于意象图式编码的用户手势启发法在情境化设计流程中的应用。情境因素极其地庞杂,从种种不同的方面决定着用户在手势自然性上的取舍,也从根本上影响着先在经验的复用。5W1H 法作为被广泛运用的分析框架,其六个维度间接地对应着情境化访谈数据的整合模型,研究认为它们比较全面地总结了情境因素的类型。根据这一套模型,用户在情境化访谈时的言论可以成为提取意象图式的源泉,从而使设计者按照意象图式的一致性判断哪一类型的情境因素和手势认知中的意象图式有明显关系。这是为了加强设计者对用户激活的意象图式来源的认识。当然情境因素对手势偏好的影响不总是反映在意象图式的保持上,但用户参与始终会是情境化设计的组成部分。

设计应用取自《湖南大学——科沃斯家用服务机器人设计研究项目》的部分研究成果,结果发现被试者普遍认定最终设计出的手势方案是自然的,也通过了可用性测试。应用还显示不仅帮助用户从情境出发积累对自然交互的思考很重要,也离不开必要的需求分析去预先选择合适的交互任务,这就弥补了单纯的手势启发存在的缺陷。

结　论

手势输入因其简洁、高效和富有表现力等特点,在多样化的交互场景中能带给使用者其他输入方式难以满足的体验。手势交互的模式和手语、动作示意等人与人之间的沟通相仿,是将意图和有效信息通过手与肢体运动这一媒介"打包"后传递给受话者,因此,手势的行为所展现的语义和其目标语义间的关系是手势交互设计的一个重要问题。按照自然交互的要求,这种关系在预期情境下越是表现得与用户从已有经验所激发的思维模式相符,用相应手势去代表内容、发布命令的方式就越容易因更低的学习成本而被人们所接受。本书围绕着这一研究主题,提出用提取并整理用户自定义手势时产生的意象图式思维的方法有助于对人们熟悉的经验、认知进行结构化处理和抽象的假设,并经过一系列的设计实践对方法论的理论基础和应用效果做了检验。

首先,笔者明确了意象图式在自然交互手势设计中的角色问题,指出手势行为是其语义的外在表现,而手势语义的建构是为了让交流的目的以更加清晰直观的形态呈现出来。在以上过程中,意象图式存在于手势的执行方和理解方对其语义和交互意图间关系的认知当中,并决定着认知主体的先在经验被唤醒的部分和被利用的形式。由于意象图式能从认知结构的视角高度概括这种认知的产生所基于的思维模型,研究者可以通过选择手势启发时最容易出现的意象图式类型,便能找到人们最惯常的对于特定手势交互认知的知识迁移的共性特征。这也是本书第三章所论述的意象图式的提取和编码与设计方法相结合的意义。第四、五章报告了设计方法在不同的交互界面和工作程序下的应用情况,讨论了不同的设计变量对意象图式提取的有效性和必要性的影响,从而论证和反思了设计方法的可行性以及相关理论假说的解释力。

总结起来,研究的创新点体现在以下三个方面。

（一）提出了交互手势的形式-意义关系模型,认为意象图式是维系手势语义和目标语义之间映射的共有认知结构,这一现象也会反映在用户自定义手势的思考过程之中。意象图式本身所具有的种种特性使得它会以不同的形式为人们运用,去促成它在交互手势语义中应有的角色。

本书对有关伴语手势和手势分类的过往研究进行了综述,指明了手势在描述语言不可传达的信息表征在空间、动态、图像等特征上的功能性地位,继而总结了上述特征被加工后转换成手势表达的不同策略,这些策略的选择与被描述对象的性质有很大关系。交互手势始终要将交互意图概念化并映射到手势直接描述的对象（表层语义）,它的表达策略虽然没有一定的规律,但映射关系的建立要符合概念隐喻的基本原则,即手势所直指的概念、行动或意象在认知结构上要与交互的目标语义有共同点。意象图式就是为了对这类结构做系统化的表述而构造出的认知语言学概念。

所谓交互手势的形式-意义关系,指的是手势在语义层和表现层之间的联系。笔者认为手势的语义层源自手势命令背后的意图,其概念结构会映射到手势的表层语义,令其容易与交互意图相关联;而表现层是受情境条件制约的手势动作。如果让受访者定义新的手势,一方面,他们会从意图即目标语义出发,将先在意图或行动中意图转变或重新诠释为手势语义;另一方面,他们会从先在知识库中寻找可以投射到现有的形式-意义关系上的概念或事件,以加固或重构这组新的关系。研究指出,特定的意象图式认知同时存在于手势事件的源域和目标域的语义层和表现层,它是人们在从交互意图向手势语义推演时感知运动层的先在经验被激发的产物。

意象图式是感知互动及运动中不断再现的动态模式,是人们从感知和与世界的互动中抽象出的动态结构,因此,意象图式可分为数种基本类型,具有正负性、二态性、可转变、可组合与嵌套几项特质。此外,意象图式不仅充当概念隐喻的映射结构,也能直接引申到一些目标域概念上。把握了这些要点,人们就能够用意象图式去分析语言背后的认知现象,或使其成为理解认知现象的中介物。据此,笔者提出了提取交互手势的意象图式的四种策略,实际上是要分别从对手势事件的语义层和表现层的描述性语言中识别出尽可能多的图式。

（二）提出基于意象图式编码的手势交互设计方法，该方法是对用户启发这一参与式设计方法的深化和拓展。

从用户（即新手势的提出者）对手势事件的语义层和表现层的描述性语言中识别意象图式的目的在于全面地了解与该手势的认知、理解有关的图式，这个将用户手势和意象图式匹配的过程叫作意象图式的编码。只有当手势被按照其所能反映的典型意象图式归类后，才能让受访用户去评价各个类别下的代表性手势，并以评分最高者为群偏好方案。这相当于向用户展示将交互意图（目标语义）映射到手势语义的各种思维模型的代表，是设计方法的核心思想。

以上设计方法要克服三个关键问题：

其一，意象图式编码的一致性和典型性问题。一致性问题指不同的解读者从同一语句、文本中识别出的意象图式不尽相同。为了解决这一问题，笔者认为主要可以依靠对动词和介词的理解去识别，也通过文献整理给出了英汉双语在介词的意象图式表现上的规则，使解读者能辨别作为映射结构和作为隐喻源域的意象图式。在此基础上，所有的识别结果需通过一致性检验。典型性指手势应被编码为哪一种识别出的图式的问题。笔者提出完整和高频两项编码的原则，并肯定了意象图式和手势之间非一一映射的现实情况。

其二，意象图式的激活受手势提出者的先在知识影响的程度。对此研究开展了调查研究，初步认为这种影响的存在微乎其微。这说明一般意义上的受访用户不会因为文化、技能或过往经验的差异而生出不同的意象图式思维。

其三，由于手势可能被编码为多个意象图式，在确定代表性手势时难免会有从多个组里挑出同一个手势等复杂状况。研究提出了一套比较完备的工作流程和准则，以保证手势的选择与评价尽量有效且可信。

（三）对基于意象图式编码的手势交互设计方法做了反复的实验验证，通过考察方法在手势交互的多种潜在应用场景下以及在情境化设计流程下的实践效果，重新衡量了方法的理论运用、工作模块、设计原则、适用领域等多个方面。

研究按照获取用户偏好、意象图式编码与分类、专家评价和挑选、用户评分这四个设计方法组成模块，尝试从用户自定义的手势中选取在可学习性和可用性上都相对较佳的方案，以保证其自然的交互体验。实验设定的交互界面分别为兼容多种手势感应技术的智能桌面设备与适配握物状态下的微手势的方向盘界面，其原因是对这两种界面及其交互方式的研究处在起步的阶段，尚未形成输入指令上的设计规范。实验结果显示，基于意象图式编码的设计方法在与用户启发法相结合时，难以避免因受访者自述的手势偏好本身的低可信度和低实用性而造成的优选手势在实验评价结果上的彼此间差异。还有，受访用户构想手势的逻辑不完全符合手势启发的全要素模型，因为实际上 legacy bias 和界面的物理可供性都会成为干预手势形态和意义赋予的因素。此外，意象图式思维在转喻和文化符号上的存在也不明显。尽管如此，方法得到的交互手势还是在可用性测试环节获得了较为理想的数据，把手势集作为一个整体看待的话，其可学习性和在周边交互任务下的执行和表现是比较令人满意的。

考虑到手势交互设计与交互场景、使用者情境之间的密切关系，本书还创造性地将基于意象图式编码的手势设计方法整合到情境化设计流程当中去，以此来消除单纯的手势启发和访谈法的负面作用。通过情境化设计的调查记录模型，可以明确情境因素与意象图式激活的关系，进而追踪这种关系是如何被继承并对用户所提出的手势偏好产生影响的。设计案例同样证明了这一整合方法产出的设计方案具有相对自然和可用的品质。

由于研究者水平和客观条件的限制，研究还存在以下两点不足之处：

其一，研究所针对的目标是自然交互，即与在预期情境下符合用户已有的经验或思维模型的界面交互产生的体验。由于手势表达只是交互输入的一个组成部分，研究并未涉及手势所需要的先在经验和思维模型与其他交互通道对自然交互的需要的关系。因此，研究孤立地着眼于用户意图在手势输入时的转变和表现，缺少对多通道自然交互系统的全面审视与实践。未来研究的重点可以放在意象图式思维在意图产生和表达时的普遍特征等问题，以及认知语言学知识和自然语言处理相关联等一系列研究问题上面。

其二，研究在设计过程中采用了定性和定量相结合的方法，意在为手势评价的结果提出可信的依据。然而，仍然有两点因素影响了数据采集的科学性：第一是样本量的制约，没有足够的研究资料表明大样本的意象图式编码结果和30～100人中小样本的结果不存在差异；第二是专家译员的训练水平，译员的专业性直接左右着编码的结果，这使得设计结论存在不可复制性的风险。

综上所述，本书探讨了自然交互理念在手势输入设计上如何实现的问题。研究的思路是分析用户自定义的偏好手势，从中发现用户最为支持和最容易接受的认知模式。事实上，研究的意义不止于交互手势的范畴，在所有和使用者认知相关的设计研究领域，特别是与行为和语意有关的方面，意象图式都可以成为沟通设计意图与认知解释的桥梁。另外，本书的一些结论也为多模态交互的创新设计提供了新的方法论见解。例如，可以以任务语义反映的意象图式为原点，将多样化的用户意图用相应的几种简洁的手势表现出来，从而减少实用型手势的数量。类似的其他研究主题和路径还有待在未来进一步探索。

参考文献

［1］ Valli A. The design of natural interaction［J］. Multimedia Tools and Applications，2008，38(3)：295-305.

［2］ Redström J. Towards user design? On the shift from object to user as the subject of design［J］. Design Studies，2006，27(2)：123-139.

［3］ 曹翔. 自然用户界面自然在哪儿？［EB/OL］.(2017-01-12)［2018-12-10］. https://www.leiphone. com/news/201701/tfL1l0y3heIGWVre. html? from＝timeline&viewType＝weixin.

［4］ Sommerer C，Jain L C，Mignonneau L. The art and science of interface and interaction［M］. Berlin and Heidelberg：Springer-Verlag，2008.

［5］ 徐礼爽，程铁刚，田丰，等. 意义性笔手势的分类及其实验评估［J］.软件学报，2006(17)：46-56.

［6］ Zaiti I A，Pentiuc S G，Vatavu R D. On free-hand TV control：Experimental results on user-elicited gestures with Leap Motion［J］. Personal Ubiquitous Computing，2015，19(5)：821-838.

［7］ 尹超. 事件原型衍生的自然交互设计与应用［D］. 长沙:湖南大学，2014.

［8］ 马超民. 可供性视角下的交互设计研究［D］. 长沙:湖南大学，2016.

［9］ Edge D. Tangible user interfaces for peripheral interaction［D］. Cambridge：University of Cambridge,2008.

［10］ Bakker S，Niemantsverdriet K. The interaction-attention continuum：Considering various levels of human attention in interaction design［J］. International Journal of Design，2016,10(2)：1-14.

［11］ Johnson M. The body in the mind：The bodily basis of meaning, imagination, and readon[M]. Chicago: The University of Chicago Press, 1987.

[12] Gibbs J R, Colston H L. The cognitive psychological reality of image schemas and their transformation[J]. Cognitive linguistics, 1995, 6(4): 347-378.

[13] Oakley T. Image schemas [C]// Geeraerts D, Cuyckens H. Handbook of cognitive linguistics. Oxford: Oxford University Press, 2004.

[14] 李福印. 意象图式理论[J]. 四川外国语学院学报, 2007, 23(1): 80-85.

[15] Salvucci D D, Taatgen N A. Threaded cognition: An integrated theory of concurrent multitasking[J]. Psychological Review, 2008(115): 101-130.

[16] Wickens C D, McCarley J S. Applied attention theory [M]. Boca Raton: CRC Press, 2008.

[17] Karam M, Schrafel M C. A taxonomy of gestures in human computer interaction[R]. Southampton:University of Southampton, 2005.

[18] Frens J. Designing for rich interaction: Integrating form, interaction, and function[D]. Eindhoven:Technische Universiteit Eindhoven, 2006.

[19] Hausen D, Boring S, Lueling C, et al. StaTube: Facilitating state management in instant messaging systems[C]// Proceedings of TEI'12, Kinston, Ontario, Canada, 2012: 283-290.

[20] Hausen D, Tabard A, von Thermann A, et al. Evaluating peripheral interaction [C]// Proceedings of TEI'14, Munich, Germany, 2014: 21-28.

[21] Heijboer M, Hoven E, Bongers B, et al. Facilitating peripheral interaction: Design and evaluation of peripheral interaction for a gesture-based lighting control with multimodal feedback[J]. Personal Ubiquitous Computing, 2016, 20(1): 1-22.

[22] Hudson S E, Harrison C, Harrison B L, et al. Whack gestures: Inexact and inattentive interaction with mobile devices [C]// Proceedings of TEI'10, Cambridge, USA, 2010: 109-112.

[23] Wolf K, Naumann A, Rohs M, et al. A taxonomy of microinteractions: Defining microgestures based on ergonomic and scenario-dependent requirements[C]// Campos P, et al. INTERACT 2011, Part I, LNCS 6946: 559-575.

[24] Pohl H, Murray-Smith R. Focused and casual interactions: Allowing users to vary their level of engagement[C]// Proceedings of CHI'13, Paris, France, 2013: 2223-2232.

[25] Cheng K Y, Liang R H, Chen B Y, et al. Icon: Utilizing everyday objects as addition-

al, auxiliary and instant tabletop controllers[C]// Proceedings of CHI'10, Atlanta, Georgia, USA, 2010: 1155-1164.

[26] Olivera F, Garcia-Herranz M, Haya P A, et al. Do not disturb: Physical interfaces for parallel peripheral interactions[C]// Campos P, Graham N, Jorge J, et al. Human-computer interaction—INTERACT 2011. Berlin: Springer, 2011: 479-486.

[27] Probst K. Peripheral interaction in desktop computing: Why it's worth stepping beyond traditional mouse and keyboard[M]//Bakker S, et al. Peripheral interaction. Berlin: Springer, 2016: 183-205.

[28] Probst K, Lindlbauer D, Haller M,et al. A chair as ubiquitous input device: Exploring semaphoric chair gestures for focused and peripheral interaction[C]//Proceedings of CHI'14, Toronto, Canada, 2014: 4097-4106.

[29] Spool J. What makes a design seem Intuitive? [EB/OL]. [2016-12-01]. http://uie. com/article/design_ intuitive/.

[30] 黄月华, 左双菊. 原型范畴与家族相似性范畴——兼谈原型理论在认知语言学中引发的争议[J]. 语文研究, 2009(3): 27-31.

[31] 路德维希·维特根斯坦. 哲学研究[M]. 蔡远, 译. 北京: 九州出版社, 2007: 83.

[32] 赵毅衡. 符号学原理与推演[M]. 南京:南京大学出版社, 2011: 3.

[33] 罗兰·巴尔特. 符号学原理[M]. 王东亮等, 译. 北京: 生活·读书·新知三联书店, 1999.

[34] Lakoff G, Johnson M. Metaphors we live by[M]. 2nd ed. Chicago :University of Chicago Press, 2008.

[35] Lakoff G. The contemporary theory ofmetaphor [M]//Ortony A. Metaphor and thought. 2nd ed. Cambridge: Cambridge University Press, 1992.

[36] Grady R. Foundations of meaning: Primary metaphors and primary scenes[D]. Berkeley:University of California at Berkeley, 2005.

[37] Lakoff G, Turner M. More than cool reason: A field guide to poetic metaphor[M]. Chicago:University of Chicago Press, 1989.

[38] Kövecses Z. Metaphor: A practical introduction[M]. 2nd ed. Oxford:Oxford University Press, 2002.

[39] 束定芳. 论隐喻的运作机制[J].外语教学与研究, 2002, 34(2): 98-106.

[40] Fauconnier G, Turner M. The way we think: Conceptual blending and the mind's hid-

den complexities[M]. New York: Basic Books, 2002.

[41] Gentner D. Structure-mapping: A theoretical framework for analogy[J]. Cognitive Science, 1983, 7(2): 155-170.

[42] Norman D. The design of everyday things[M]. New York:Basic Books,2002.

[43] 赵艳芳. 认知语言学概论[M]. 上海：上海教育出版社, 2000.

[44] Gropen J, Pinker S, Hollander M, et al. The learnability and acquisition of the dative alternation in English[J]. Language, 1989, 65(2): 203-257.

[45] Hurtienne J, Klöckner K, Diefenbach S, et al. Designing with image schemas: Resolving the tension between innovation, inclusion and intuitive use[J]. Interacting with Computers, 2015, 27(3): 235-255.

[46] Cienki A. Some properties and groupings of image schemas[J]. Lexical and Syntactical Constructions and Construction of Meaning, 1997: 3-15.

[47] Golod I, Heidrich F, Möllering C, et al. Design principles of hand gesture interfaces for microinteractions[C]// Proceedings of DPPI 2013, September 3-5, Newcastle upon Tyne, UK.

[48] Karam M. A framework for research and design of gesture-based human-computer interactions[D]. London:King's College London, 2006.

[49] Nielson M, Störring M, Moeslund T B, et al. A procedure for developing intuitive and ergonomic gesture interfaces for HCI[J]. Lecture Notes in Computer Science, 2003, 17 (17): 1445-1453.

[50] Bouchard C, Blanchy K, Omhover J F, et al. TOUCHSTORMING and BODYSTORMING, A generative approach for the elaboration of a gesture database in interaction design[C]// Proceeding in 5th International Congress of IASDR, 2013.

[51] Mahr A, Endres C, Schneeberger T,et al. Determining human-centered parameters of ergonomic micro-gesture interaction for drivers using the theater approach[C]// Proceedings of AutomotiveUI'11, Salzburg, Austria, 2011: 151-158.

[52] Dim N K, Silpasuwanchai C, Sarcar S, et al. Designing mid-air gestures for blind people using user-and choice-based elicitation approaches[C]// Proceedings of DIS'16, Brisbane, Australia, 2016: 204-214.

[53] Dong H, Danish A, Figueroa N, et al. An elicitation study on gesture preferences and memorability toward a practical hand-gesture vocabulary for smart televisions[J]. IEEE

Access，2015(3)：543-555.

[54] Nancenta M A，Kamber Y，Qiang Y，et al. Memorability of pre-designed & user-defined gesture sets[C]// Proceedings of the CHI'13，Paris，Frances，2013：1099-1108.

[55] Son M，Hwang D，Jung J，et al. A comparison of two gesture design methods：Adopting sign language gestures and using user created gestures[J]. 대한인간공 학회 학술대회논문집，2012：369-373.

[56] Choi E，Kwon S，Lee D，et al. Can user-derived gesture be considered as the best gesture for a command? Focusing on the commands for smart home system[C]// Proceedings of the Human Factors and Ergonomics Society 56th Annual Meeting，2012：1253-1257.

[57] Morris M R，Danielescu A，Drucker S，et al. Reducing legacy bias in gesture elicitation studies[J]. Interactions，2014，21(3)：40-45.

[58] Wobbrock J O，Morris M R，Wilson A D. User-defined gestures for surface computing [C]// Proceedings of CHI'09，Boston，Massachusetts，USA，2009：1083-1092.

[59] Ruiz J，Li Y，Lank E. User-defined motion gestures for mobile interaction[C]// Proceedings of the SIGCHI Conference on Human Factors in Computing Systems (CHI'11)，Vancouver，BC，Canada，2011：197-206.

[60] Vatavu R D. User-defined gestures for free-hand TV control[C]// Proceedings of EuroITV'12，Berlin，Germany，2012：45-48.

[61] Seyed T，Burns C，Sousa M C，et al. Eliciting usable gestures for multi-display environments[C]// Proceedings of ITS'12，Cambridge，Massachusetts，USA，2012：41-50.

[62] Chan E，Seyed T，Stuerzlinger W，et al. User elicitation on single-hand microgestures [C]// Proceedings of the 2016 CHI Conference on Human Factors in Computing Systems，San Jose，CA，USA，2016：3403-3414.

[63] Zimmerman J，Forlizzi J，Evenson S. Research through design as a method for interaction design research in HCI[C]// Proceedings of the SIGCHI Conference on Human Factors in Computing Systems，2007：493-502.

[64] Forlizzi J，Zimmerman J，Everson S. Crafting a place for interaction design research in HCI[J]. Design Issues，2008，24(3)：19-29.

[65] Gaver W. What should we expect from research through design? [C]// Proceedings of CHI'12，Austin，Texas，USA，2012：937-946.

［66］Caramiaux B, Donnarumma M, Tanaka A. Understanding gestures expressivity through musclesensing［J］. ACM Transactions on Computer-Human Interaction, 2015, 21(6): 1-26.

［67］DB-LINK. Expressive communication: How children send their messages to you［EB/OL］. ［2016-09-01］. https://nationaldb.org/library/page/1937.

［68］Vafaei F. Taxonomy of gestures in human computer interaction［D］. Grand Forks: North Dakota University, 2013.

［69］Burke K. A grammar of motives［M］. Berkeley: University of California Press, 1969: 15-23.

［70］McNeill D. So you think gestures are nonverbal?［J］. Psychological Review, 1985, 92 (3): 350-371.

［71］Berckmans P R. Behavioral expression and related concepts［J］. Behavior and Philosophy, 1996, 24(2): 85-98.

［72］Müller C. Gestures as a medium of expression: The linguistic potential of gestures ［M］//Müller C. Body, language, communication. Berlin: Mouton de Gruyter, 2012: 202-217.

［73］Krauss R M, Y Chen, Gottesman R F. Lexical gestures and lexical access: A process model［M］//McNeill D. Language and gesture. Cambridge: Cambridge University Press, 2000: 261-283.

［74］Goldin-Meadow S. The role of gesture in communication and thinking［J］. Trends in Cognitive Sciences, 1999, 3(11): 419-429.

［75］Alibali M W, Kita S, Young A J. Gesture and the process of speech production: We think, therefore we gesture［J］. Language and Cognitive Process, 2000, 15 (6): 593-613.

［76］Kendon A. Gesture: Visible action as utterance［M］. Cambridge: Cambridge University Press, 2004: 11-12.

［77］Kendon A. The study of gesture: Some remarks on its history［M］//Semiotics, 1981. Springer, Boston, MA, 1983: 153-164.

［78］Wundt W M. Approaches to semiotics/Paperback: The language of gestures［M］. Boston and Berlin: Walter de Gruyter GmbH & Co KG, 1973.

［79］Efron D. Gesture and environment［M］. New York: Academic Press, 1941.

［80］ Ekman P, Friesen W V. The repertoire of nonverbal behavior: Categories, origins, usage and coding[J]. Semiotica, 1969, 1(1): 49-98.

［81］ Ekman P. Biological and cultural contributions to body and facial movement[M]// Blacking J. Anthropology of the body. New York: Academic Press, 1977: 39-84.

［82］ McNeill D. Gesture and thought[M]. Chicago: University of Chicago Press, 2008: 34-41.

［83］ McNeill D. The emblem asmetaphor[M]//Seyfeddinipur M, Gullberg M. From gesture in conversation to visible action as utterance: Essays in honor of Adam Kendon. Amsterdam / Philadelphia: John Benjamin Publishing Company, 2014: 75-93.

［84］ Müller C. Gesture as "deliberate expressive movement"[M]//Seyfeddinipur M, Gullberg M. From gesture in conversation to visible action as utterance: Essays in honor of Adam Kendon. Amsterdam / Philadelphia: John Benjamin Publishing Company, 2014: 127-147.

［85］ Pavlovic V, Sharma R, Huang T S. Visual interpretation of hand gestures for human-computer interaction: A review[J]. IEEE Transactions on Pattern Analysis and Machine Intelligence, 1997, 19(7): 677-695.

［86］ Trafton G J, Trickett S B, Stitzlein C A. The relationship between spatial transformations and iconic gestures[J]. Spatial Cognition & Computation, 2006, 6(1): 1-29.

［87］ Searle J R. Intentionality: An essay in the philosophy of mind[M]. Cambridge: Cambridge University Press, 1983: 91-95.

［88］ Kuutti K. Activitytheory as a potential framework for human-computer interaction research[M]//Nardi B. Context and consciousness: Activity theory and human computer interaction. Cambridge: MIT Press, 1995: 17-44.

［89］ Walliser F S. Development and verification of a method for implementation and stabilization of changed processes in product development[D]. 1999.

［90］ Anscombe G E M. Intention[M]. 2nd ed. Cambridge: Harvard University Press, 2000.

［91］ Davison D. Actions, reasons, and causes[J]. The Journal of Philosophy, 1963, 60 (23): 685-700.

［92］ Bratman M. Intention, plans, and practical reason[M]. Cambridge: Harvard University Press, 1987.

［93］ Rosenblueth A, Wiener N, Bigelow J. Behavior, purpose and teleology[J]. Philosophy of Science, 1943, 10(1): 18-24.

[94] Fishkin K P. A taxonomy for and analysis of tangible interfaces[J]. Personal and Ubiquitous Computing, 2004, 8(5): 347-358.

[95] Celentano A, Dubois E. Evaluating metaphor reification in tangible interfaces[J]. Journal on Multimodal User Interfaces, 2015, 9(3): 231-252.

[96] Turner P. Towards an account of intuitiveness[J]. Behavior & Information Technology, 2008, 27(6): 475-482.

[97] Raskin J. Intuitive equals familiar[J]. Communications of the ACM, 1994, 37(9): 17-18.

[98] Dreyfus H L. Intelligence without representation-Merleau-Ponty's critique of mental representation[J]. Phenomenology and the Cognitive Sciences, 2002, 1(1): 367-383.

[99] Rasmussen J. Skills, rules, and knowledge; Signals, signs, and symbols, and other distinctions in human performance models[J]. IEEE Transactions on Systems, Man, and Cybernetics, 1983, 13(3): 257-266.

[100] Blackler A, Popovic V, Mahar D. Investigating users' intuitive interaction with complex artefacts[J]. Applied Ergonomics, 2010, 1(1): 72-92.

[101] Blackler A, Hurtienne J. Towards a unified view of intuitive interaction: Definitions, models and tools across the world[J]. MMI Interaktiv-User Experience, 2007, 1(13): 36-54.

[102] Naumann A, Hurtienne J, Isreal J H, et al. Intuitive use of user interfaces: Defining a vague concept[C]// Proceedings of the 7th International Conference on Engineering Psychology and Cognitive Ergonomics, 2007: 128-136.

[103] O'Brien M A, Rogers W A, Fisk A D. Developing a framework for intuitive human-computer interaction[C]// Proceedings of Human Factors and Ergonomics Society Annual Meeting Proceedings, 2008, 52(20): 1645-1649.

[104] Hornecker E. Beyond affordance: Tangibles' hybrid nature[C]// Proceedings of the 6th International Conference on Tangible, Embedded and Embodied Interaction, Kingston, Ontario, Canada, 2012: 175-182.

[105] Bakker S, Van den hoven E, Eggen B. Acting by hand: Informing interaction design for the periphery of people's attention[J]. Interacting with Computers, 2012, 24(3): 119-130.

[106] Juola J F. Theories of focal and peripheralattention[M]//Bakker, et al. Peripheral interaction. Switzerland:Springer, 2016：39-61.

[107] Maslow A H. A theory of human motivation[J]. Psychological Review, 1943, 50(4)：370-396.

[108] Maslow A H. The expressive component of behavior[J]. Psychological Review, 1949, 56(5)：261-272.

[109] Cross J J, John O P. Facets of emotional expressivity：Three self-report factors and their correlates[J]. Personality and Individual Differences, 1995, 19(4)：555-568.

[110] Frijda N. The laws of emotion[J]. American Psychologist, 1988, 43(5)：349-358.

[111] Hess U, Thibault P. Darwin and emotion expression[J]. The American Psychologist, 2009, 64(2)：120-128.

[112] Bagozzi R P, Baumgartner H, Pieters R,et al. The role of emotions in goal-directed behavior[A]. The Why of Consumption：Contemporary Perspectives on Consumer Motives, Goals, and Desires. London Routledge, 2000：36-58.

[113] 肖亦奇,何人可. 表达的交互品质及其在自然交互上的应用[J]. 包装工程,2017,38(18):146-150.

[114] 刘伟. 交互品质：脱离鼠标键盘的情境设计[M]. 北京：电子工业出版社,2015.

[115] Wallbott G H. Bodiliy expression of emotion[J]. European Journal of Social Psychology, 1998, 28(6)：879-896.

[116] Pelachaud C. Studies on gesture expressivity for a virtual agent[J]. Speech Communication, 2008, 51(7)：630-639.

[117] Lakoff G. Women, fire, and dangerous things：What categories reveal about the mind [M]. Chicago：The University of Chicago Press, 1987.

[118] Jackendoff R. Semantics and cognition[M]. Chicago：MIT Press, 1983.

[119] Mandler J M. How to build a baby：II. Conceptual primitives[J]. Psychological Review, 1992, 99(4)：587-604.

[120] Mandler J M, Cánovas C P. On defining image schemas[J]. Language and Cognition, 2014, 6(4)：510-532.

[121] Mazens K, Lautrey J. Conceptual change in physics：Children's naive representations of sound[J]. Cognitive Development, 2003, 18(2)：159-176.

[122] 李金珍. 大班幼儿物理科学教学领域中的核心科学概念研究[D]. 上海：华东师范大

学，2011.

［123］Correa-Beningfield M，Kristiansen G，Navarro-Ferrando I，et al. Image schemas vs. "complex primitives" in cross-cultural spatial cognition［A］// Hampe B，Grady J E. From perception to meaning：Image schemas in cognitive linguistics. Berlin：Mouton de Gruyter，2005.

［124］Mandler J M. How to build a baby：Ⅲ. Image schemas and the transition to verbal thought［A］// Hampe B，Grady J E. From perception to meaning：Image schemas in cognitive linguistics. Berlin：Mouton de Gruyter，2005：137-164.

［125］明宏. 基于与汉语介词短语"在……上"之比较的英语介词 on 的认知语义研究［D］. 上海：上海外国语大学，2011.

［126］Hurtienne J，Blessing L. Design for intuitive use：Testing image schema theory for user interface design［C］// Proceedings of the 16th International Conference on Engineering Design，ICED'07，Paris，France，2007.

［127］Clausner T，Croft W. Domains and image schemas［J］. Cognitive Linguistics，1999，10(1)：1-31.

［128］Levinson S C. Space in language and cognition：Explorations in cognitive diversity［M］. Cambridge：Cambridge University Press，2003.

［129］Kita S. Cross-cultural variation of speech-accompanying gesture：A review［J］. Language & Cognitive Processes，2009，24(2)：145-167.

［130］刘爽. 从感知到意义——意象图式及其隐喻扩展在设计中的应用研究［D］. 北京：中央美术学院，2016.

［131］Santibánez F. The object image schema and other dependent schemas［J］. Atlantis，2002，24(2)：183-201.

［132］Talmy L. Force dynamics in language and cognition［J］. Cognitive Science，1988，12(1)：49-100.

［133］Krzeszowski T P. The axiological parameter in pre-conceptual image schemata［A］// Geiger R A，Rudzka-Ostyn B. Conceptualizations and mental processing in language. Berlin：Mouton de Gruyter，1993：307-330.

［134］Cienki A. Some properties and groupings of image schemas［A］//Verspoor M，Lee K D，Sweetser E. Lexical and syntactical construction of meaning. Amsterdam-Philadelphia：Benjamins，1997：3-15.

[135] Turner M. The literary mind: The origins of thought and language[M]. Oxford: Oxford University Press, 1998.

[136] Grady J, Oakley T, Coulson S. Blending and Metaphor[A]//Gibbs R J, Steen G J. Metaphor in cognitive linguistics. Amsterdam: John Benjamins Publishing Company, 1999: 101-124.

[137] Hedblom M M, Kutz O, Neuhaus F. Choosing the right path: Image schema theory as a foundation for concept invention[J]. Artificial General Intelligence, 2015, 6(1): 21-54.

[138] Hedblom M M, Kutz O, Neuhaus F. Image schemas in computational conceptual blending[J]. Cognitive Systems Research, 2016, 39: 42-57.

[139] Klopper R. Image schemas in conceptual blending to optimize human scale thinking[J]. Alternation, 2003, 10(2): 288-323.

[140] Markussen T, Krogh P G. Mapping cultural frame shifting in interaction design with blending theory[J]. International Journal of Design, 2008, 2(2): 5-17.

[141] Jetter H, Reiterer H. Blended interaction: Understanding natural human-computer interaction in post-WIMP interactive spaces[J]. Personal and Ubiquitous Computing, 2014, 18(5): 1139-1158.

[142] Lakoff G, Johnson M. Philosophy in the flesh: The embodied mind and its challenge to western thought[M]. New York: Basic Books, 1999.

[143] Hurtienne J. How cognitive linguistics inspires HCI: Image schemas and image-schematic metaphors[J]. International Journal of Human-computer Interaction, 2017, 33(1): 1-20.

[144] Kuhn W, Frank A U. A formalization of metaphors and image-schemas in user interfaces[A]// Frank A U, Mark D M. Cognitive and linguistic aspects of geographical space. Vol. 63, NATO ASI Series D. Dordrecht: Kluwer Academic Publishers, 1991: 419-434.

[145] Löffler D, Hess A, Maier A, et al. Developing intuitive user interfaces by integrating users' mental models into requirements engineering[C]// Proceedings of the 27th International BCS Human Computer Interaction Conference, 2013.

[146] Wilkie K, Holland S, Mulholland P. We can work it out: Towards a participatory approach to designing music interactions[J]. When Words Fail: What can Music Interac-

tion Tell Us about HCI, 2011.

[147] Wilkie K. Conceptual metaphor, human-computer interaction and music: Applying conceptual metaphor to the design and analysis of music interactions[D]. London: The Open University, 2014.

[148] Hurtienne J, Israel J H, Weber K. Cooking up real world business applications combining physicality, digitality, and image schemas[C]// Proceedings of TEI'08, Bonn, Germany, 2008: 239-246.

[149] Winkler A, Baumann K, Huber S, et al. Evaluation of an application based on conceptual metaphors for social interaction between vehicles[C]// Proceedings of the DIS'16, Brisbane, Australia, 2016: 1148-1159.

[150] Antle E N, Corness G, Bakker S, et al. Designing to support reasoned imagination through embodied metaphor[C]// Proceedings of C&C'09, Berkeley, California, USA, 2009: 275-284.

[151] Bakker S, Antle A N, Van den hoven E. Embodied metaphors in tangible interaction design[J]. Personal and Ubiquitous Computing, 2011, 16(4): 433-449.

[152] Macaranas A, Antle A, Riecke B E. Bridging the gap: Attribute and spatial metaphors for tangible interface design[C]// Proceedings of TEI'12, Kingston, Canada, 2012: 161-168.

[153] Hurtienne J, Meschke O. Soft pillows and the near and dear: Physical-to-abstract mappings with image-schematic metaphors[C]// Proceedings of TEI'16, Eindhoven, Netherlands, 2016: 324-331.

[154] Löffler D, Arlt L, Takashi T, et al. Substituting color for haptic attributes in conceptual metaphors for tangible interaction design[C]// Proceedings of TEI'16, Eindhoven, Netherlands, 2016: 118-125.

[155] Van Rompay T J L, Ludden G D S. Types of embodiment in design: The embodied foundations of meaning and affect in productdesign[J]. International Journal of Design, 2015, 9(1): 1-11.

[156] Hurtienne J, Löffler D, Gadegast P, et al. Comparing pictorial and tangible notations of force image schemas[C]// Proceedings of TEI'15, Stanford, USA, 2015: 249-256.

[157] Britton A, Setchi R, Marsh A. Intuitive interaction with multifunctional mobile interface[J]. Journal of King Saud University-Computer and Information Sciences, 2013, 25

(2): 187-196.

[158] Asikhia O K, Setchi R, Hicks Y, et al. Conceptual framework for evaluating intuitive interaction based on image schemas[J]. Interacting with Computers, 2015, 27(3): 287-310.

[159] Chattopadhyay D, Bolchini D. Motor-intuitive interactions based on image schemas: Aligning touchless interaction primitives with human sensorimotor abilities[J]. Interacting with Computers, 2014, 27(3): 327-343.

[160] Cienki A. Image schemas and gestures[M]// Hampe B. From perception to meaning: Image schemas in cognitive linguistics. Berlin: Mouton de Gruyter, 2005: 421-442.

[161] Lücking A, Mehler A, Walther D, et al. Finding recurrent features of image schema gestures: the FIGURE corpus[C]// Proceedings of the 10th International Conference on Language Resources and Evaluation, 2016.

[162] Alaçam S, Çağdaş G. Spatial dimensions of bodily experience in architectural modeling: A case study[J]. ITU A|Z Journal of the Faculty of Architecture, 2016, 13(3): 1-12.

[163] Talmy L. Figure and ground in complex sentences[C]// Greenberg J. Proceedings of the First Annual Meetings of the Berkeley Linguistics Society. California: Berkeley Linguistics Society, 1978.

[164] Langacker R W. Foundations of cognitive grammar, Volume I: Theoretical prerequisite [M]. Stanford: Stanford University Press, 1987.

[165] Zlatev J, Blomberg J, David C. Translocation, language and the categorization of experience[M]// Evans V P, Chilton P. Language, space and cognition. London: Equinox, 2010: 389-418.

[166] 朱晓军. 空间范畴的认知语义研究[D]. 上海: 华东师范大学, 2008.

[167] Mehler A, Lücking A, Abrami G. WikiNect: Image schemata as a basis of gestural writing for kinetic museum wikis[J]. Universal Access in the Information Society, 2015, 14(3): 333-349.

[168] Wozny J. Force dynamics of verb complementation[J]. Cognitive Studies, 2015(15): 97-113.

[169] Gibbs R W, Beitel D A, Harrington M, et al. Taking a stand on the meanings of *stand*: Bodily experience as motivation for polysemy[J]. Journal of Semantics, 1994, 11(4): 231-251.

[170] 左思民. 动词的动相分类[J]. 华东师范大学学报(哲学社会科学版), 2009, 41(1):
74-82.

[171] Vendler Z. Verbs andtimes[J]. The Philosophical Review, 1957, 66(2): 143-160.

[172] Oslen M B. A semantic and pragmatic model of lexical and grammatical aspect[D].
Evanston: Northwestern University, 1994.

[173] Moens M, Steedman M. Temporal ontology and temporal reference[J]. Computational
Linguistics, 1988, 14(2): 15-28.

[174] Rothstein S. Two puzzles for a theory of lexical aspect: Semelfactives and degreeachie-
vements[M]// Dölling J, Heyde-Zybatow T, Shaefer M. Event structures in linguistic
form and interpretation (Language, Context, and Cognition). Berlin: Mouton De
Gruyter, 2008: 175-198.

[175] Becker R, Cienki A, Bennett A, et al. Aktionsarten, speech and gesture[R]. Presented
at the Gesture and Speech in Interaction, Bielefeld, 2011.

[176] Richardson D C, Spivey M J, Edelman S, et al. Language is spatial: Experimental evi-
dence for image schemas of concrete and abstract verbs[C]//Proceedings of the 23rd
Annual Meeting of the Cognitive Science Society, Mawhah, NJ: Erlbaum, 2001:
873-878.

[177] Richardson D C, Spivey M J, Barsalou L W, et al. Spatial representations activated
during real-time comprehension of verbs[J]. Cognitive Science, 2003, 27 (5):
767-780.

[178] Yang T. Image schemas in verb-particle constructions: Evidence from a behavior exper-
iment[J]. Journal of Psycholinguistic Research, 2016, 45(2): 379-393.

[179] Dewell R B. Over again: Image-schema transformations in semantic analysis[J]. Cog-
nitive Linguistics, 1994, 5(4): 351-380.

[180] Bouchenek H L. The effect of image-schema-based instruction on learning/acquiring
polysemous prepositions[J]. Revise Sciences Humaines, 2017, Vol B: 47-67.

[181] 赵学政. 介词 beyond 原型意象图式及其隐喻映射[J]. 衡水学院学报, 2011, 13(5):
52-54.

[182] 张莉莉, 倪蓉. 意象图式理论下介词 For 的研究[J]. 上海理工大学学报(社会科学版),
2013, 35(3): 240-244.

[183] 彭卓. 英语介词 from 的意象图式及其语义的隐喻性延伸[J]. 沈阳农业大学学报(社会

科学版)，2011，13(5)：628-630.

[184] 彭飞. 汉语常用介词的认知和功能研究[D]. 天津：南开大学，2012.

[185] 薛兰兰. "跟"字句及其相关问题研究[D]. 沈阳：辽宁大学，2012.

[186] 孙庆芳. 基于认知语言学的"给"类介词对外汉语教学语法研究[D]. 济南：山东师范大学，2013.

[187] 石微. 汉语依据类介词的语法化研究[D]. 长春：吉林大学，2013.

[188] 郜峰. 现代汉语路径义空间介词研究[D]. 合肥：安徽大学，2014.

[189] 赵妍. 现代汉语把字句的意象图式分析[D]. 沈阳：沈阳师范大学，2013.

[190] Kurdyukova E, Andre E. Studying user-defined iPad gestures for interaction in multi-display environment[C]// Proceedings of IUI'12, Lisbon, Portugal, 2012：93-96.

[191] Rädle R, Jetter H C, Schreiner M, et al. Spatially-aware or spatially-agnostic? Elicitation and evaluation of user-defined cross-device interactions[C]// Proceedings of the CHI'15, Seoul, Republic of Korea, 2015：3913-3922.

[192] Landis J R, Gary G K. The measurement of observer agreement for categorical data [J]. Biometrics, 1977,33(1)：159-174.

[193] Hurtienne J. Inter-coder reliability of categorising force-dynamic events in human-technology interaction[J]. Yearbook of the German Cognitive Linguistics Association, 2013，1(1)：59-77.

[194] Hurtienne J, Stoßel C, Sturm C, et al. Physical gestures for abstract concepts：Inclusive design with primary metaphors[J]. Interacting with Computers, 2010, 22(6)：475-484.

[195] Mauney D, Howarth J, Wirtanen A,et al. Cultural similarities and differences in user-defined gestures for touchscreen user interfaces[C]// Proceedings of the 28th International Conference on Human Factors in Computing Systems. Extended Abstracts. ACM, Atlanta, Georgia, USA, 2010：4015-4020.

[196] Löffler D, Lindner K, Hurtienne J. Mixing languages? Image schema inspired designs for rural Africa[C]// Proceedings of CHI'14 Extended Abstracts on Human Factors in Computing Systems, Toronto, Canada, 2014：1999-2004.

[197] Synder C. Paper prototyping：The fast and easy way to design and refine user interfaces [M]. San Francisco：Morgan Kaufman, 2003.

[198] Borg G. Psychophysical scaling with applications in physical work and the perception of

exertion[J]. Scandinavian Journal of Work and Environment Health, 1995, 16(Supply 1): 55-58.

[199] McAtamney L, Corlett E N. RULA: A survey method for the investigation of work-related upper limb disorders[J]. Applied Ergonomics, 1993, 24(2): 91-99.

[200] Weigel M, Mehta V, Steimle J. More than touch: Understanding how people use skin as an input surface for mobile computing[C]// Proceedings of the SIGCHI Conference on Human Factors in Computing Systems, Toronto, Canada, 2014: 179-188.

[201] Knibbe J, et al. Extending interaction for smart watches: Enabling bimanual around device control[C]// Proceedings of CHI'14 Extended Abstracts on Human Factors in Computing Systems, Toronto, ON, Canada, 2014: 1891-1896.

[202] Shimon S S A, Morrison-Smith S, John N, et al. Exploring user-defined back-of-device gestures for mobile devices[C]// Proceedings of MobileHCI'15, Copenhagen, Denmark, 2015: 227-232.

[203] Chen X, Schwarz J, Harrison C, et al. Air+Touch: Interweaving touch & in-air gestures[C]// Proceedings of UIST'14, Honolulu, USA, 2014: 519-525.

[204] Marquardt N, Jota R, Greenberg S, et al. The continuous interaction space: Interaction techniques unifying touch and gesture on and above a digital surface[C]// Proceedings of the 13th IFIP TCI3 Conference on Human Computer Interaction, Liston, Portugal, 2011: 461-476.

[205] Kratz S, Rohs M. HoverFlow: Expanding the design space of around-device interaction [C]// Proceedings of MobileHCI'09, Bonn, Germany, 2009: No. 4.

[206] Withana A, Peiris R, Samarasekara N, et al. zSense: Enabling shallow depth gesture recognition for greater input expressivity on smart wearables[C]// Proceedings of the 33rd Annual ACM Conference on Human Factors in Computing Systems, 2015: 3661-3670.

[207] Pohl H, Rohs M. Around-device devices: My coffee mug is a volume dial[C]// Proceedings of MobileHCI'14, 2014: 81-90.

[208] Grandhi S A, Joue G, Mittelberg I. Understanding naturalness and intuitiveness in gesture production: Insights for touchless gestural interfaces[C]// Proceedings of CHI'11, 2011: 821-824.

[209] Taylor B T, Bove V M. Graspables: Grasp recognition as a user interface[C]//Pro-

ceedings of the SIGCHI Conference on Human Factors in Computing Systems, 2009: 917-926.

[210] Van den Hoven E, Mazalek A. Grasping gestures: Gesturing with physical artifacts [J]. Artificial Intelligence for Engineering Design, Analysis and Manufacturing, 2011, 25: 255-271.

[211] Angelini L, Caon M, Lalanne D, et al. Towards an anthropomorphic lamp for affective interaction[C]// Proceedings of TEI'14, Stanford, CA, USA, 2015: 661-666.

[212] Zigelbaum J, Kumpf A, Vazquez A, et al. Slurp: Tangibility spatiality and an eyedropper[C]// Proceedings of CHI'08 Extended Abstracts on Human Factors in Computing Systems, 2008: 2565-2574.

[213] Lee S S, Kim S, Jin B, et al. How users manipulate deformable displays as input devices[C]// Proceedings of CHI'10, Atlanta, USA, 2010: 1647-1656.

[214] Rudeck F, Baudisch P. Rock-Paper-Fibers: Bringing physical affordances to mobile touch device[C]// Proceedings of CHI'12, Austin, USA, 2012: 1929-1932.

[215] Troiano G M, Pederson E W, Hornbæk K. Deformable interfaces for performing music [C]// Proceedings of the 33rd Annual ACM Conference on Human Factors in Computing Systems, Seoul, Korea, 2015: 377-386.

[216] Holman D, Hollatz A, Banerjee A, et al. Unifone: Designing for auxiliary finger input in one-handed mobile interactions[C]// Proceedings of the 7th International Conference on Tangible, Embedded and Embodied Interaction, Barcelona, Spain, 2013: 177-184.

[217] Xiao R, Laput G, Harrison C. Expanding the input expressivity of smartwatches with mechanical pan, twist, tilt and click[C]// Proceedings of CHI'14, Toronto, Canada, 2014: 193-196.

[218] Van Rheden V, Hengeveld B. Engagement through embodiment: A case for mindful interaction[C]// Proceedings of TEI'16, Eindhoven, Netherlands, 2016: 349-356.

[219] Tan Y, Yoon S H, Ramani K. BikeGesture: User elicitation and performance of micro hand gesture input for cycling[C]// Proceedings of CHI'17 Extended Abstracts, Denver, CO, USA, 2017: 2147-2154.

[220] Geiser G. Man machine interaction in vehicles[J]. ATZ, 1985, 87: 74-77.

[221] Neßelrath R, Moniri M M, Feld M. Combining speech, gaze, and micro-gestures for the multimodal control of in-car functions[C]// Proceedings of International Conference

on Intelligent Environment，2016：190-193.

[222] Lee S H，Yoon S O，Shin J H. On-wheel finger gesture control for in-vehicle systems on central consoles[C]//Proceedings of AutomotiveUI'15，Nottingham，United Kingdom，2015：94-99.

[223] Pfleging B，Schneegass S，Schmidt A. Multimodal interaction in the car：Combining speech and gestures on the steering wheel[C]//Proceedings of AutomotiveUI'12，Portsmouth，NH，USA，2012，22(3)：155-162.

[224] Döring T，Kern D，Marshall P，et al. Gestural interaction on the steering wheel：Reducing the visual demand[C]// Proceedings of CHI'11，Vancouver，BC，Canada，2011：483-492.

[225] González I E，Wobbrock J O，Chau D H，et al. Eyes on the road，hands on the wheel：Thumb-based interaction techniques for input on steering wheels[C]// Proceedings of the Graphics Interface Conference 2007，Montréal，Canada，2007：95-102.

[226] Koyama S，Sugiura Y，Ogata M，et al. Multi-touch steering wheel for in-car tertiary applications using infrared sensors[C]// Proceedings of AH'14，Kobe，Japan，2014：1-4.

[227] Häuslschmid R，Menrad B,Butz A. Freehand vs. micro gestures in the car：Driving performance and user experience[R]. 3D User Interfaces，2015 IEEE Symposium，France，2015：159-160.

[228] Angelini L,Carrino F，Carrino S，et al. Gesturing on the steering wheel：A user-elicited taxonomy[C]// Proceedings of Automotive UI'14，Seattle，WA，USA,2014.

[229] Wolf K. Microgestures—Enabling gesture input with busy hands[M]//Bakker S，et al. Peripheral interaction. Switzerland:Springer，2016：95-116.

[230] Wolf K，Schleicher R，Kratz S，et al. Tickle：A surface-independent interaction technique for grasp interfaces[C]// Proceedings of TEI'13，Barcelona，Spain，2013：185-192.

[231] 吕艳辉. 基于语料库的现代汉语手部动词研究[D]. 济南：山东大学，2008.

[232] Baayen R H，Milin P. Analyzing reaction times[J]. International Journal of Psychological Research，2010，3(2)：12-28.

[233] Hespanhol L，Tomitsch M，Grace K. Investigating intuitiveness and effectiveness of gestures for free spatial interaction with large displays[C]// Proceedings of ISPD'12，Porto，Portugal，2012.

[234] 苏润娥，薛红军，宋笔锋. 快速上肢评估(RULA)方法的改进[J]. 人类工效学，2008，14(1)：15-17+60.

[235] Horst A R A, van der Martens M H. The peripheral detection task (PDT)：On-line measurement of driver cognitive workload and selective attention[J]. SAE International, 2010, 634(4)：73-89.

[236] Feyereisen P, Havard I. Mental imagery and production of hand gestures while speaking in younger and older adults[J]. Journal of Nonverbal Behavior, 1999, 23(2)：153-171.

[237] Hoff L, Hornecker E, Bertel S. Modifying gesture elicitation：Do kinaesthetic priming and increased production reduce legacy bias[C]// Proceedings of the TEI'16, Eindhoven, Netherlands, 2016：86-91.

[238] Rico J, Brewster S. Usable gestures for mobile interfaces：Evaluating social acceptability[C]// Proceedings of CHI'10, New York, USA, 2010：887-896.

[239] Köpsel A, Bubalo N. Benefiting from legacy bias[J]. Interactions, September-October 2015, 22(5)：44-47.

[240] Ju W, Leifer L. The design of implicit interaction：Making interactive systems less obnoxious[J]. Design Issues, 2008, 24(3)：72-84.

[241] Loehmann S, Knobel M, Lamara M,et al. Culturally independent gestures for in-car interactions[C]// Kotzé P, et al. INTERACT 2013, Part Ⅲ, LNCS 8119, 2013：538-545.

[242] Kurtenbach G, Moran T P, Buxton W. Contextual animation of gestural commands [J]. Computer Graphics Forum, 1994, 13(5)：305-314.

[243] Norman D. The way I see it：Natural user interfaces are not natural[J]. Interactions, 2010, 17(3)：6-10.

[244] Ha T S, Jung J H, Oh S Y. Method to analyze user behavior in home environment[J]. Personal and Ubiquitous Computing, 2006, 10(2-3)：110-121.

[245] Baxter K, Courage C, Caine K. Understanding your users：A practical guide to user research methods[M]. San Francisco：Morgan Kaufmann Publishers, 2015：47-48.

[246] Holtzblatt K, Beyer H R. Contextual design[M]// Soegaard M, Dam R F. The encyclopedia of Human-Computer Interaction. 2nd ed. Aarhus：The Interaction Design Foundation, 2014.

[247] Quesenbery W, Brooks K. Storytelling for user experience：Crafting stories for better

design[M]. 1st ed. New York：Rosenfeld Media，2010：35.

[248] Carroll J. Making use：Scenario-based design of Human-Computer Interactions[M]. Cambridge：MIT Press，2000.

[249] Sutcliffe A. Scenario-based requirements engineering[J]. User-Centered Requirements Engineering，2002：127-147.

[250] Geeraerts D. Cognitive linguistics：Basic readings[M]. Berlin：Mouton de Gruyter，2006：81.

[251] 王琴. 认知语言学与汉语介词研究[J]. 中国社会科学院研究生学报，2008(5)：121-126.

[252] Van Hooij E R. Image schemas and intuition：The sweet spot for interface design? [D]. Enschede：University of Twente，2016.

附录 A
常见的交互指令

表 A.1　常见的交互指令集

交互指令	注释
选定/单选	在可选项之中选择一个对象,使它参与交互事件
群选	选择多个对象
搜索	通过入口搜索、询问信息
移动实体	使对象整体发生可见的、可管控的移动
旋转	将对象绕轴旋转
放大	在显示区域放大当前视觉内容
缩小	在显示区域缩小当前视觉内容
最大化	将可调节的图像或媒体属性调至可设定范围的最大
最小化	将可调节的图像或媒体属性调至可设定范围的最小
(在表面)平移	令视觉焦点随页面或对象的移动而转移
滚动	从头至尾浏览页面
上一项	选择信息序列的前一项
下一项	选择信息序列的后一项
音量/亮度的增大	输出信号在可感知的属性上的线性增强
音量/亮度的减小	输出信号在可感知的属性上的线性减弱
前进	将当前媒体文件、事项或进程的工作节点提前
后退	将当前媒体文件、事项或进程的工作节点后退到历史节点
启动/恢复	令停止工作的程序/事项恢复工作

（续表）

交互指令	注释
暂停	令工作中的程序/事项中止
静音	关闭系统声音
开机	启动设备
关机	关闭设备
调取页面	让某一页面显示为当前页或显示所有页面的预览
剪切	将文件或对象移出
复制	将文件或对象复制一份
粘贴	将文件或对象移至某处
删除	将文件或对象清除,使之不再存在
接受/确认	接受/确认系统请求
不接受/拒绝	不接受/拒绝系统请求
撤销/重做	取消当前的进程、成果,退回到上一阶段
保存/截取	系统记录当前的进程、成果
设定属性值	输入与任务有关的参数
寻求帮助	向系统发出求助信号

附录 B
意象图式列表

表 B.1 一些重要的意象图式及其解释

意象图式	解释与具身经验
OBJECT	实体的存在、对象、事体
UP-DOWN	将上/下、高/低的经验投入到概念化过程中,作为产生类比和联想的基石
NEAR-FAR	将与远/近有关的经验、感受投入到概念化过程中
CENTER-PERIPHERY	以自我或注意焦点为中心,以外部世界或注意焦点之外为边缘
CONTAINER	表示具体的范围或抽象的范畴
SURFACE	面具有平整性和可延展性,可以让物体放置、接触
FULL-EMPTY	范围或范畴内包容物的多少、有无
COLLECTION	物体向一个点集中运动的态势
SPLTTING	物体从一个点向四周分散运动的态势
LINK	两个对象之间有物理、时空、因果、性质上的联系
MATCHING	物体的外形间彼此吻合
PART-WHOLE	事物有主体与部分之别,类似于躯干和四肢的关系
CONTACT	实体和其他实体的外沿、边缘相接触
MASS-COUNT	实体物在量上有单个、可数或多个、成群的形式
ITERATION	事物的运行、发展历程不断重复
CYCLE	事物的运行、发展历程表现出持续往复的循环态
PATH	表示事物运行和发展的历程,它必有起点和终点

意象图式	解释与具身经验
SCALE	事物朝一个方向持续地、阶段性地运行和发展
COMPULSION	实体受力后向相同方向运动，可以表示影响、因果
COUNTERFORCE	用反作用力的现实经验理解所受的影响、作用
ATTRACTION	实体受另一实体引力的作用而向其靠近
BLOCKAGE	实体的运行路线受另一实体的阻挡
RESTAINT REMOVAL	阻挡某另一实体运行的实体被移除出路线
ENABLEMENT	实体的运行有其内在驱动力
BALANCE	多个实体在受力上彼此均衡，保持运行态势的对称和规律
DIVERSION	多个运动实体在移动方向上互相背离分散

附录 C

用户启发实验的问卷材料

表 C.1 用户手势记录表

情境:(任务与可交互物)(方案编号)	1	2	3	4
请描述你提出的手势动作				
请解释该手势的含义,以及这种含义与它所对应的效果的关联				
你提出的这种手势是否是基于过往的生活、产品使用经验? 如果有请详细描述				

附录 D

手势可用性评价的量表

表 D.1 总评分量表

手势描述(   )

易错:在不专注、不规范地执行手势时,系统往往没有反馈

易错 1 2 3 4 5 6 7 8 9 10 防错

精确:正确地执行手势需要遵从动作和识别上的严格条件

精确 1 2 3 4 5 6 7 8 9 10 自由

困难:手势的运动幅度大,需要更快的速度、力量或精力,或者需要更多的步骤

困难 1 2 3 4 5 6 7 8 9 10 容易

不合直觉:手势在动作、表意的方面令人感到尴尬和不合常理,违背人的直觉

不合直觉 1 2 3 4 5 6 7 8 9 10 符合直觉

表 D.2 手部运动的容易度评分表

负荷水平		腕部分值			
		1	2	3	4
上臂	前臂	腕部扭转分	腕部扭转分	腕部扭转分	腕部扭转分
		1 2	1 2	1 2	1 2
1	1	1 2	2 2	2 3	3 3
	2	2 2	2 2	3 3	3 3
	3	2 3	3 3	3 3	4 4
2	1	2 3	3 3	3 4	4 4
	2	3 3	3 3	3 4	4 4
	3	3 4	4 4	4 4	5 5

215

（续表）

负荷水平		腕部分值			
		1	2	3	4
上臂	前臂	腕部扭转分	腕部扭转分	腕部扭转分	腕部扭转分
3	1	3 3	4 4	4 4	5 5
	2	3 4	4 4	4 4	5 5
	3	4 4	4 4	4 5	5 5
4	1	4 4	4 4	4 5	5 5
	2	4 4	4 4	4 5	5 5
	3	4 4	4 5	5 5	6 6
5	1	5 5	5 5	5 6	6 7
	2	5 6	6 6	6 7	7 7
	3	6 6	6 7	7 7	7 8
6	1	7 7	7 7	7 8	8 9
	2	8 8	8 8	8 9	9 9
	3	9 9	9 9	9 9	9 9

注：该表是关于手部动作的负荷评分。其中，上臂运动有 6 个负荷水平，记分为 1～6，分别是前后摆臂 20°区间内、20°～45°区间内、45°～90°区间内、90°以上，肩部上提加 1 分，上臂外展则再加 1 分。前臂运动有 3 个负荷水平，摆臂 60°～100°区间内为 1 分，此区间外的运动幅度为 2 分，前臂抬起兼左右方向偏离为 3 分。腕部运动有 4 个负荷水平，分别是静止、垂直上下运动 15°以内、垂直上下运动 15°到极限值、腕部上下运动且弯曲偏离中线。腕部扭转有两个水平，分别是在可翻转的中间范围和接近其极限值。

表 D.3 身体运动的容易度评分表

负荷水平	躯干分值					
	1	2	3	4	5	6
颈部分值	腿部分值	腿部分值	腿部分值	腿部分值	腿部分值	腿部分值
	1 2	1 2	1 2	1 2	1 2	1 2
1	1 3	2 3	3 4	5 5	6 6	7 7
2	2 3	2 3	4 5	5 5	6 7	7 7
3	3 3	3 4	4 5	5 6	6 7	7 7
4	5 5	5 6	6 7	7 7	7 7	8 8
5	7 7	7 7	7 8	8 8	8 8	8 8
6	8 8	8 8	9 9	9 9	9 9	9 9

注：该表是关于躯体动作的负荷评分。其中，颈部运动有 6 个负荷水平，记分为 1～6，分别是低头 0°～10°、10°～20°、20°以上，颈部向后弯、扭转、侧弯。躯干运动有 6 个水平，分别是静坐、前倾 0°～20°、20°～60°、60°以上，躯干扭转，躯干侧弯。腿部有很好的支撑能保持平衡为 1 分，反之为 2 分。

表 D.4　身体运动的容易度总评分表

C　D	1	2	3	4	5	6	7+
1	1	2	3	3	4	5	6
2	2	2	3	4	4	5	5
3	3	3	3	4	4	5	6
4	3	3	3	4	5	6	6
5	4	4	4	5	6	7	7
6	4	4	5	6	6	7	7
7	5	5	6	6	7	7	7
8+	5	5	6	7	7	7	7

注:C、D分别是 A、B组得分加上肌肉使用得分。肌肉使用得分有一套评分标准,具体是没有负荷或少于 2 kg 间断负荷为 0 分,有 2~10 kg 间断负荷为 1 分,有 2~10 kg 的静态负荷或往复负荷为 2 分,有 10 kg 以上的静态负荷、往复负荷或快速振动为 3 分,另外,超过 1 分钟的静姿保持也有 1 分。查表可得到动作的总得分。

表 D.5　手指运动的容易度评分表

静力分	操作频率分				
	5	1	2	3	4
1	1	1	2	2	3
2	1	1	2	3	3
3	2	2	3	1	1
4	3	3	4	4	4

注:静力指保持姿势时的力量耗费,操作频率指手指运动的速率。

表 D.6　包括手指的手部运动的容易度总评分表

A组总分 C	手指分 E							
	8	1	2	3	4	5	6	7
1	1	2	3	4	5	5	6	6
2	2	2	3	4	5	5	6	6
3	3	3	4	5	5	6	6	6
4	4	4	5	6	6	7	7	7
5	4	4	5	6	6	7	7	7
6	4	5	6	6	6	7	7	7
7	5	5	6	6	7	7	7	7
8+	5	6	6	7	7	7	7	7

注:手指分 E 是手指肌肉使用得分和自我感觉的用力程度评分相加而成。用力程度评分包括感觉不到明显用力(1 分)、感觉得到明显用力(2 分),外加极限姿势少且变化多(1 分)和极限姿势多且变化少(2 分)。 E 分值和 C 分值相加得到手部运动的总负荷评分。

表 D.7　集合了手指评价分的总得分

F 分	B组总分 D						
	1	2	3	4	5	6	7
1	1	2	3	3	4	5	5
2	2	2	3	4	4	5	5
3	3	3	3	4	4	5	6
4	3	3	4	5	5	6	6
5	4	4	5	6	6	7	7
6	5	5	6	6	6	7	7
7	6	6	7	7	7	7	7

表 D.8　Borg's CR10 费力度口语报告量表

费力到无以复加(Maximum vocal effort)	10
极其费力(Very very severe vocal effort)	9
	8
非常费力(Very severe vocal effort)	7
	6
相当费力(Severe vocal effort)	5
某种程度上比较费力(Somewhat severe vocal effort)	4
有些费力(Moderate vocal effort)	3
一点点费力(Slight vocal effort)	2
几乎不怎么费力(Very slight vocal effort)	1
几乎完全不用费力(Very very slight vocal effort)	0.5
	0

附录 E

实验 1 的优选手势集

组合	优选手势					
A1	拍击右侧	覆盖	摆手	敲击桌面	翻转	左右挥手
图示	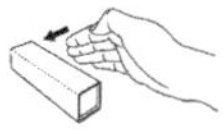	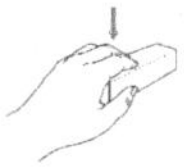	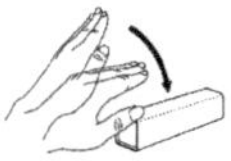			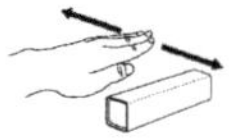
Borda	73	51	91	53	97	89
B1	轻敲表面	悬停	握拳	沿边画线	翻转	推远
图示						
Borda	98	110	47	74	39	78
C1	轻拍顶部	握住摇一摇	手掌按压	翻转	旋扭	沿边画弧
图示			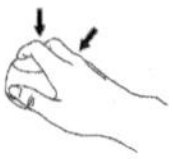			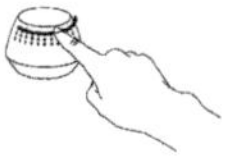
Borda	132	86	80	45	56	51
A2	遮挡	倾斜	轻弹	空中拍手	旋转	
图示			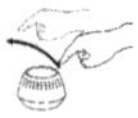			
Borda	36	57	48	60	69	

组合	优选手势					
B2	滑动	遮挡	旋转	左右挥手	推移	擦拭
图示				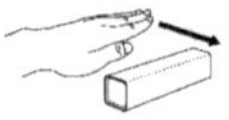	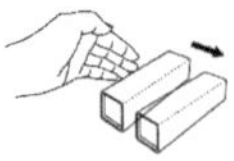	
Borda	53	77	57	73	83	62
C2	覆盖	轻拍	沿边画线	一侧抬起	翻转	五指张开
图示						
Borda	94	81	51	65	77	42
A3	覆盖	轻拍右侧桌面	向右挥手	按设备中心处	竖起	
图示						
Borda	48	64	95	51	22	
B3	两次捶击	掌心向下	旋转	拂扫	拿起	握住摇晃
图示					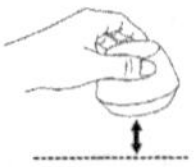	
Borda	80	93	32	103	74	37
C3	遮挡	握住摇晃	在顶面画线	抬高手掌	翻转	竖起
图示			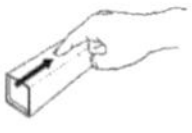	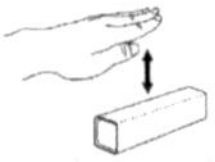		
Borda	85	74	89	46	74	52

附录 F

握姿状态下的微手势库

表 G.1 通过人机尺度上的穷举得到的握姿状态下的微手势库

手指	空间运动	摩擦运动	接触运动
大拇指	前后 左右 画弧 圆圈 敲击(上/下) 保持悬空(上/下) 保持竖直(上/下) 保持弯曲(上/下) 保持弯曲(半/全)	左右摩擦握杆(上/下) 画弧摩擦握杆 指尖上下刮擦握杆 指尖摩擦食指侧 指尖在食指侧边画圈 拇指由内向外在握杆上做刷的手势(上/下) 拇指弯曲,用指甲盖摩擦握杆	敲击握杆 双击握杆 接触食指外侧 接触食指尖、做孔雀舞状 拇指平伸,敲击握杆 长按握杆 拇指弯曲,垫在食指下面 拇指搭在食指/中指指尖上或下方 拇指抵住无名指,其余三指翘起如佛手印 拇指长按后一甩
食指	前后 左右 画弧 圆圈 敲击(上/下) 保持悬空 保持竖直 保持弯曲(半/全) 空中画出字符	左右摩擦握杆 上下摩擦握杆 指尖摩擦中指侧 指尖在握杆上画圈 食指弯曲,用指甲盖摩擦握杆 从中指指尖向下滑动,敲在握杆上	敲击握杆 双击握杆 长按握杆 接触中指指尖 接触中指指节

手指	空间运动	摩擦运动	接触运动
中指	前后 左右 画弧 圆圈 敲击(上/下) 保持悬空 保持竖直 保持弯曲(半/全)	左右摩擦握杆 上下摩擦握杆 指尖摩擦食指侧 指尖摩擦无名指侧 指尖在握杆上画圈 中指弯曲,用指甲盖摩擦握杆 从食指指尖向下滑动,敲在握杆上 从无名指指尖向下滑动,敲在握杆上	敲击握杆 双击握杆 长按握杆 接触食指指尖 接触食指指节 接触无名指指尖
小指	前后 左右 画弧 圆圈 敲击(上/下) 保持悬空 保持竖直 保持弯曲(半/全)	左右摩擦握杆 上下摩擦握杆 指尖摩擦无名指侧 指尖在握杆上画圈 小指弯曲,用指甲盖摩擦握杆 从无名指指尖向下滑动,敲在握杆上	敲击握杆 双击握杆 长按握杆 接触无名指指节
多手指	食拇指保持竖直(八字形) 食拇指保持竖直(紧贴) 食拇指共同保持弯曲 食拇指一弯一直 食拇指同时敲击(拇指和中指、小指不再重复) 食中指保持竖直(紧贴) 食中指保持竖直(分叉) 食中指共同保持弯曲 食中指一弯一直 食中指同时敲击 食中指贴紧共同左右移动或画圈/弧 食指(或中指)搭在另一指上面	食指弯曲,令拇指尖和食指尖相捻 食指弯曲,令食指尖摩擦拇指盖 拇指和中指在接触状态下突然分开,类似弹开或打响指 拇指、食指同时屈起摩擦握杆 食指、中指紧贴,一指在另一指上方前后摩擦 食指、中指紧贴互相上下摩擦 拇指、食指紧握握杆,其余三指内弯,上下摩擦手掌 拇指横向摩擦食指/中指指尖 拇指和食指/中指相捻画圈	拇指、食指紧捏握杆 五指闭合紧捏握杆 五指分开同时按压握杆 拇指、中指交替敲击握杆 食指、中指交替敲击握杆 拇指、食指紧握握杆,其余三指(或某几个)弯曲,以指中节抵住握杆 拇指、食指紧握握杆,其余三指紧贴掌心

（续表）

手指	空间运动	摩擦运动	接触运动
多手指	食指（或中指）搭在另一指上面并拱起 食指、中指做走路状手势 食指、小指同时竖起 食指、小指向两边分做羊角状 食指、小指同时弯曲 拇指、小指做六字手势 拇指、中指同时翘起 中指、小指同时翘起 四指举起并拢 四指举起分开 四指弯曲 四指/多指相叠 多指举起做敲琴键状 中指、无名指、小指做兰花指状	—	—
手腕、手掌	手腕向上屈起 手腕向下弯折	手握杆，紧贴其表面并横向移动 手握杆，紧贴其表面并纵向移动，此时手腕会翻转	手掌轻拍握杆 手掌侧着，用掌沿抵住握杆，快速地抬起放下